AF250834

S. 574

4072

VOYAGE

DANS LES ISLES AUSTRALES

D'AFRIQUE.

PARTIE BOTANIQUE.

DE L'IMPRIMERIE DE LEVRAULT, RUE DES SS. PÈRES, N.° 69.

HISTOIRE
DES VÉGÉTAUX

RECUEILLIS

DANS LES ISLES AUSTRALES

D'AFRIQUE.

PAR AUBERT AUBERT DU PETIT-THOUARS.

PREMIÈRE PARTIE,

CONTENANT LES DESCRIPTIONS ET FIGURES DES PLANTES QUI FORMENT
DES GENRES NOUVEAUX OU QUI PERFECTIONNENT LES ANCIENS.

Labori faber ut desit, non fabro labor:
Materiæ tanta abundat copia......
PHÆDR. lib. IV. fab. 25.

PARIS,

TOURNEISEN FILS, RUE DE SEINE, S. G., N.º 12.

1806.

DISCOURS PRÉLIMINAIRE.

« La Botanique n'est point une science sédentaire qui se puisse
» acquérir dans le repos et dans l'ombre du cabinet; elle veut que
» l'on coure les montagnes et les forêts, que l'on gravisse contre des
» rochers escarpés, que l'on s'expose au bord des précipices : les
» pages du livre qu'il faut feuilleter sont disséminées sur la surface
» du globe. »

C'est ainsi que *Fontenelle* s'exprimoit dans son éloge de *Tournefort*.
Effectivement, dès qu'un jeune homme a goûté les charmes de cette
science, il éprouve une espèce d'excentricité qui l'entraîne peu à peu
dans les courses les plus lointaines, recherchant des objets qui le mettent
à même d'employer les connoissances qu'il acquiert. Il en trouve d'abord
dans les plantes les plus communes; il peut, comme *J. J. Rousseau*,
herboriser sur la cage de son serin; la Morgeline et le Seneçon, qui la
couvrent, lui font éprouver un plaisir réel: mais à mesure qu'il reconnoît la place qu'elles occupent dans le système qui lui sert de guide,
elles redeviennent communes comme auparavant; il lui faut des alimens
nouveaux, en sorte qu'il a bientôt épuisé les jardins et les enclos voisins;
il ne tarde pas à reconnoître que les productions végétales sont variées
en raison des sites, et qu'il faut les parcourir pour les trouver.

Modeste dans le principe, il se borne à suivre pas à pas les traces de
ses maîtres; seulement les reconnoître, c'est pour lui une véritable découverte: mais peu à peu son ambition se développe. D'abord il met
de l'amour-propre à découvrir une plante qui n'a point été indiquée
dans les cantons qui l'entourent; puis il tâche de réunir toutes celles
qui y croissent, il en médite la Flore: bientôt il s'aperçoit qu'augmenter le nombre de ces catalogues est un foible moyen de se tirer
de la foule; il voudroit attirer l'attention, en présentant des objets
entièrement neufs. Mais où pouvoir en rencontrer? Les pays qui sont

à sa portée ont été fouillés par tant de devanciers, que ce n'est qu'au loin qu'il peut espérer de ces heureuses découvertes. Aussi promène-t-il, à l'aide des cartes, sa vue sur le globe; il s'arrête avec complaisance sur les régions qui n'ont point encore été visitées par les Botanistes; il mesure de l'œil l'espace qui l'en sépare, il calcule les difficultés qu'il peut éprouver pour y parvenir : lit-il la relation d'un voyage, il se croit à côté du narrateur; il lui reproche souvent de n'avoir pas assez fait attention à ces singuliers végétaux qui l'entouroient. Enfin, le goût, ou plutôt la passion des voyages lointains, s'éveille en lui; il croit que s'il pouvoit se transporter dans ces parages que l'on connoît à peine de nom, chacun de ses pas seroit marqué par une découverte.

Telle est la série de sensations que j'ai éprouvées depuis 1780, que je me livrai à l'étude de la Botanique. Retenu par l'état militaire que j'avois embrassé, confiné le plus souvent dans des provinces riches par leur culture, mais peu variées dans les productions de la nature, je m'élançois en idée dans celles du Midi, que je croyois plus favorisées de ce côté : insensiblement, la passion des voyages, qui avoit été l'illusion de mon enfance et que la lecture des relations avoit fait naître, se réveilla en moi, fortifiée par ma nouvelle occupation; je n'aspirois qu'au moment de la satisfaire, et j'épiois les circonstances propres à la seconder. Je crus enfin voir s'ouvrir devant moi la carrière que je voulois parcourir.

Mon frère, *Aristide du Petit-Thouars*, plus jeune que moi de deux ans, avoit puisé aux mêmes sources le violent désir de se faire un nom en visitant les pays les plus éloignés. Un esprit actif et une imagination ardente n'avoient pas permis que ce feu s'éteignît en lui; il s'étoit changé en une vocation décidée. Obligé par les circonstances d'entrer dans le service de terre, il le quitta bientôt pour celui de la marine. La guerre, par laquelle il débuta dans ce corps, fournit d'abord des alimens à son activité; sous un point de vue moins brillant, la paix ne le laissa point dans l'inaction. Il sollicita vivement les occasions d'être employé; mais des croisières à Saint-Domingue et dans les îles de l'Archipel de la Grèce, qui eussent eu beaucoup d'intérêt pour tout autre, ne suffisoient point à sa curiosité. Un nouveau motif vint augmenter sa passion pour les voyages de découvertes : il se figu- roit continuellement l'infortuné *la Pérouse* attendant en vain sur quelque rocher les secours de ses compatriotes; il n'en falloit pas da- vantage pour enflammer son cœur, également partagé par l'amour de la gloire et par celui de l'humanité. Les projets se succédèrent rapidement dans son esprit; il n'en trouva pas de plus propre à seconder ses vues, que d'ouvrir une souscription pour faire un armement destiné à la recherche de *la Pérouse.* Porté à bien juger de ses semblables, il crut que l'on partageroit son enthousiasme. Il voulut cependant y joindre l'espérance de voir les fonds qu'on lui auroit confiés pour cette entreprise rapporter un profit considérable par le commerce des pelleteries dans le nord-ouest de l'Amérique. Il développa avec chaleur ses vues dans plusieurs *prospectus.*

Je n'eus pas plus tôt connoissance du projet de mon frère, que je le regardai comme l'occasion la plus favorable que je pusse jamais ren- contrer; aussitôt je m'associai à sa destinée, et l'assurai que s'il étoit le *Cook* ou le *Bougainville* de l'entreprise, j'en serois le *Banks* ou le *Commerson* : l'amitié fraternelle alloit devenir le lien de deux parties qui malheureusement, jusqu'à présent, n'ont pas marché avec toute l'harmonie qui seule pouvoit rendre les grandes expéditions plus profitables aux progrès des sciences.

Je quittai à cette époque le service, pour me livrer totalement aux préparatifs du voyage; ils furent plus longs que nous ne comptions : les malheureuses circonstances où nous nous trouvions les contrarièrent. Les souscriptions, répondant d'abord à nos espérances, tarirent; les frais augmentèrent; le peu d'expérience de mon frère, et bien souvent l'ex- cellence de son cœur, le rendirent dupe dans les marchés qu'il fut obligé de conclure. Nous n'avions le projet, l'un et l'autre, de nous engager dans l'armement que pour une somme modique; les besoins croissant, nous fûmes forcés, pour y subvenir, de vendre notre léger patrimoine, qui y passa tout entier; nos frères et sœurs, qui restoient en Europe, furent encore obligés de venir à notre secours, et de s'engager pour des sommes considérables vu la médiocrité de leur fortune. Enfin vint le moment où je comptois jouir de mes sacrifices. Je rejoignois Brest, lieu de mon embarquement, tranquille au milieu du tumulte qui m'entouroit, parce qu'au moyen de mon voyage je m'en étois remis au temps pour juger les grandes questions qui s'agitoient. J'excite cependant la défiance; on m'arrête dans une petite ville : cette arrestation en fait naître d'autres, et six semaines de détention en sont la suite. Pendant ce temps, mon frère, qui avoit d'abord été accueilli avec enthousiasme à Brest, et favorisé, devient suspect; il est en butte aux dénonciations les plus absurdes; il n'a plus d'autre ressource que de gagner la pleine mer. Il falloit des circonstances bien impérieuses pour le forcer à m'abandonner ainsi, car il ne savoit que trop que tout ce que je possédois étoit à son bord. Il m'indiquoit l'Isle-de-France pour nous réunir : un mois après, c'est-à-dire le 2 Octobre 1792, je m'embarquai pour ce rendez-vous. Mais c'en étoit fait, je ne devois plus le revoir, et j'avois perdu pour toujours l'ami et le compagnon de mon enfance! (*)

Dans toute autre circonstance, j'eusse été effrayé de l'entreprise que je formois, vu la petitesse du bâtiment et la foiblesse de son équipage, et nous éprouvâmes dans la traversée des contrariétés qui eussent paru désastreuses pour d'autres passagers, mais que je regardai comme favorables, parce qu'elles me fournirent l'occasion de satisfaire les goûts qui m'engageoient à m'expatrier. D'abord, le manque d'eau nous força de relâcher à l'île déserte de Tristan d'Acugna; cinq jours que nous y passâmes me mirent à même de reconnoître cet endroit peu fréquenté des navigateurs : le défaut de vivres nous contraignit encore

---

(*) Je ne m'arrête pas dans ce moment à décrire les événemens par lesquels mon malheureux frère a vu détruire toutes ses espérances. Je satisferai, dans une autre occasion, à sa mémoire, en publiant le détail des circonstances qui l'ont conduit à ce désastre : il me suffira de dire ici quelle a été la suite du zèle avec lequel il se portoit au secours de l'humanité.

d'attérir

d'attérir au cap de Bonne-Espérance, et quinze jours que nous y séjournâmes, furent employés à prendre une légère idée de la Flore singulière de ce célèbre promontoire.

Enfin, après six mois de traversée, j'arrivai à l'Isle-de-France; c'est là que je pus pleinement satisfaire ma curiosité : deux ans que j'employai à la parcourir dans tous les sens, n'avoient pas suffi pour rassembler toutes ses productions végétales; mais le voisinage de Madagascar me tentoit vivement, sa position et son étendue me promettoient une moisson abondante. Je n'ai point été trompé dans mon attente; car il ne s'est guère écoulé de jour, pendant six mois que j'y ai séjourné, qui n'ait été signalé par la découverte de quelques objets nouveaux. De retour à l'Isle-de-France, je songeai à revenir en Europe, mon passage même étoit arrêté sur une frégate; mais j'étois fâché de quitter ces parages sans avoir vu Bourbon, et sans prendre une idée de cette colonie, sœur aînée de celle de l'Isle-de-France. Je profitai des offres d'un ami, et trois ans et demi que j'y ai passés n'ont pas été de trop pour visiter ses différens cantons. Rappelé à l'Isle-de-France par l'envie de mettre mes collections en ordre, après un nouveau séjour d'un an, la paix survenue me procura le moyen de revoir ma patrie, et je profitai du passage que le Gouvernement me donnoit sur la frégate *la Thémis*. Au bout de deux mois et demi de traversée, je suis arrivé à Rochefort, au commencement de Septembre 1802, après dix ans d'absence.

Plus heureux que *Commerson* et que tous ceux dont il avoit formé le martyrologe des Botanistes, je rapporte dans ma patrie le fruit de dix ans de courses et de fatigues : il consiste en un herbier de deux mille plantes environ, six cents dessins des objets les plus remarquables, et les descriptions correspondantes; tous les matériaux, enfin, propres à former la Flore des pays que je viens d'habiter : il ne me reste donc plus qu'à les employer, en publiant l'ouvrage qui en sera le résultat.

A qui ferai-je part de ce travail? Si je suis la route accoutumée, désirant de me faire un nom parmi les savans de profession, je le présenterai de manière à pouvoir les intéresser : supposant les principes

de la science connus, je ne m'occuperai qu'à faire valoir les découvertes que je croirai avoir faites; je m'étendrai fort peu sur les services
que l'on tire ou que l'on peut tirer des objets que je décrirai. Un ouvrage
fait sur ces principes pourroit, à la vérité, s'il étoit bien exécuté, me
donner la réputation d'un habile Botaniste; et dans le fond il suffiroit,
si je n'avois mis le pied que sur des contrées désertes, comme Tristan
d'Acugna, ou que je n'eusse habité qu'avec des peuples peu civilisés,
comme ceux de Madagascar; mais comme la plus grande partie de
cette espèce d'exil s'est écoulée parmi des compatriotes intelligens,
qui m'ont fait retrouver des amis dans un endroit si éloigné, et que,
par leur hospitalité généreuse, je me suis soutenu honorablement,
quoique je fusse arrivé parmi eux dépouillé de tout, je ne crois pouvoir
mieux payer la dette sacrée que j'y ai contractée, qu'en disposant mon
ouvrage de manière à pouvoir, d'un côté, présenter tout ce qui peut
servir aux progrès de la Botanique, et de l'autre, faciliter à ceux qui
ne sont pas initiés à la science les moyens de pénétrer dans son sanc-
tuaire; je voudrois, de plus, les engager à surmonter les légères difficultés qu'ils éprouveroient, en leur faisant envisager les avantages que
leur industrie pourroit en retirer.

Voilà donc la double tâche que je me propose de remplir par mon
ouvrage; mais il pourra être exécuté de manière à ce que plusieurs de
ses parties satisfassent les deux à la fois. C'est ainsi que les Botanistes
et les colons, demanderont également un tableau exact de toutes les
productions végétales de ces îles; les premiers, pour juger leur ensemble et le comparer avec celui des autres contrées; les autres, pour
avoir un inventaire exact de toutes leurs ressources. La distribution
de ce tableau sera suffisante aux savans pour leur procurer la connoissance de ses différentes parties; il n'en sera pas de même pour ceux qui
ne sont pas encore initiés dans les principes de la science, ils n'en
pourront tirer aucun parti; il faudra donc leur fournir une clef qui
puisse les y introduire, c'est-à-dire, développer la méthode qui aura
servi de base à cet arrangement de tableau. Comme c'est en cela

principalement que consiste la Botanique, ce sont donc ses élémens qu'il s'agit de présenter. On pourroit regarder cette tâche comme inutile; car il a paru depuis peu de temps un si grand nombre d'ouvrages sur cet objet, qu'il semble qu'on n'a plus que l'embarras du choix. Cependant on se tromperoit, et quoiqu'il y en ait de très-bons, aucun ne peut servir dans ces contrées. Les principes de presque toutes les sciences conviennent sous tous les climats : il n'en est pas de même pour ceux d'Histoire naturelle, surtout de Botanique; car ayant reconnu dans cette science, comme dans toutes les autres, que les préceptes ne peuvent être gravés dans l'esprit que par les exemples, et que, pour qu'ils fassent leur effet, il faut qu'ils soient tirés des objets les plus familiers, on les a empruntés des plantes qui étoient les plus communes autour de soi; et l'on sait qu'elles deviennent rares, et même disparoissent sous un *autre ciel.* Pour obvier à cet inconvénient, il suffiroit, dira-t-on, de changer ces exemples, pour que ces ouvrages pussent s'appliquer aux différens pays. Cela seroit vrai, s'il étoit le seul; mais il y en a d'autres sur lesquels je n'ai pas le temps de m'arrêter. En outre, j'avoue que, n'étant pas encore satisfait des différens modes d'enseignement qu'on a proposés jusqu'à présent, je compte développer des Élémens de Botanique, appliqués au climat de l'Isle-de-France, comme un exemple de ma manière de voir sur cet objet important.

Voilà deux parties qui regardent la Botanique pure, c'est-à-dire la connoissance précise des végétaux ; son résultat est la Botanique appliquée, ou l'indication des services que l'on en peut tirer, qui en forme une troisième. Ainsi, l'ouvrage que je compte publier, qui formera l'histoire des Plantes des îles africaines australes, sera composé des trois parties suivantes :

1°. Une énumération, aussi exacte que possible, de toutes les plantes qui y croissent, avec les descriptions, synonymies et figures nécessaires pour les faire connoître ; la Flore, en un mot;

2°. Les usages auxquels on les fait servir habituellement, et ceux auxquels elles pourroient être appliquées;

3°. Des Élémens de Botanique destinés pour ces colonies Africaines, mais qui seront exécutés de manière à pouvoir servir pour tous les pays semblablement situés.

Chacune de ces parties sera considérée en elle-même, et comparativement avec les autres contrées; ce qui établira un échange de connoissances utile pour tous les pays.

Si je me fusse trouvé dans des circonstances favorables, et que ma fortune eût été réparée, comme j'avois tout lieu de l'espérer, j'aurois fait paroître cet ouvrage à la fois, et il seroit déjà bien avancé, ayant rapporté en France, depuis dix-huit mois, presque toutes ses parties complètes; mais sa nature à faire espérer un prompt débit, je suis obligé de le faire paroître par morceaux détachés : si cette manière paroît nuire à son ensemble, elle procurera du moins des facilités à ses acquéreurs, en divisant les paiemens.

D'ailleurs, par le choix des matériaux que j'emploierai ainsi d'avance, et que je ferai paroître successivement, je pourrai débarrasser les différentes parties de digressions qui géneroient leur marche : car, par exemple, l'énumération des plantes étant la base de mon ouvrage, elle convient bien, comme je l'ai déja dit, aux Botanistes et aux colons; mais les deux exigeroient, par leur différente manière de voir, qu'elle fût exécutée d'une façon presque opposée. C'est ainsi que les premiers ne considéreront les plantes qui la composent que comme connues précédemment, ou ne l'étant pas encore, étant nouvelles : pour les uns un simple nom suffira; tandis que les autres exigeront des détails et des descriptions d'autant plus étendus, qu'elles présenteront plus de disparates.

Presque toutes, au contraire, seront, pour les colons, d'un intérêt égal; il n'y aura que celles dont ils tirent quelques services, qu'ils distingueront, et ce seront celles que les savans regarderont comme les plus indifférentes. Pour accorder les demandes des uns et des autres, ce qui me paroît le plus commode, c'est de faire un choix des objets qui intéressent le plus la science, soit comme absolument nouveaux, soit comme perfectionnant les anciennes connoissances par les vues nouvelles qu'ils procurent, et de les présenter avec tous les développemens nécessaires pour assurer leur connoissance.

Par ce moyen, l'énumération, ou la Flore, se trouvant débarrassée, pour ainsi dire, de la partie contentieuse, marchera plus également et plus rapidement; tous les objets qui la composeront, seront accompagnés d'une description, qui n'aura que l'étendue nécessaire pour les faire distinguer les uns des autres : elle conviendra par là aux colons, et ne pourra rebuter par sa prolixité.

Ces objets ainsi détachés formeroient une suite de notes séparées du corps de l'ouvrage; mais, pour leur parfaite connoissance, il faut qu'elles soient accompagnées de figures. Ces figures, pour être de grandeur convenable, ne peuvent être moindres que du format *in-quarto*. Ce format seroit incommode pour une Flore, qu'on peut avoir souvent à la main et même souvent porter à la promenade; en sorte que l'*in-octavo* est ce qui conviendroit le mieux. Si donc je faisois paroître mon ouvrage entier, les figures y formeroient une espèce d'atlas et en seroient toujours détachées; ainsi il n'y a pas d'inconvénient qu'elles le précède.

Je vais donc les publier par fascicules détachés; la Flore, qui paroîtra tout à la fois, viendra les réunir et les mettre à leur véritable place.

Les objets que j'ai recueillis, et que je regarde comme intéressans pour la science, sont de deux sortes : les uns sont le sujet d'observations qui regardent la théorie, et peuvent jeter quelque jour sur des points importans de la physiologie végétale; ils sont développés dans des dissertations particulières : les autres sont des plantes mêmes, regardées comme nouvelles, et surtout formant des genres nouveaux.

Je voulois d'abord mêler ces dissertations avec les genres; c'est ainsi que dans la première livraison, que j'ai publiée comme une espèce de Prospectus, j'avois inséré une dissertation sur la germination du *Cycas* : mais j'ai pensé qu'il seroit plus avantageux de la réunir à plusieurs autres qui ont le même but, d'éclaircir plusieurs points importans de la végétation ; elles formeront le premier numéro de ceux que je compte publier sous le titre de *Mélanges de Botanique*, en sorte que cet ouvrage-ci ne contiendra que ce qui aura rapport aux genres et à leur classification : par là la première livraison n'est composée que de huit planches, destinées à représenter autant de plantes, que je regarde comme genres nouveaux. Le texte qui les accompagne, présente leurs descriptions ; en outre, une introduction dans laquelle je développe la marche que j'ai suivie pour la formation des caractères naturels de ces genres. Je les ai regardés comme nouveaux ; en conséquence je leur ai donné des noms : mais il pourra se faire que la majorité des Botanistes ne regardent pas la somme de leurs caractères particuliers comme suffisante pour les distinguer d'autres précédemment connus. Je laisse la discussion ouverte sur ce point ; en tout cas, ce ne seront que des noms à supprimer. L'indication des rapports naturels, ou de la place qu'ils doivent occuper dans l'ordre naturel, devroit être le complément de ces genres. Il en est bien quelques-uns où il étoit facile de l'indiquer ; il n'en est pas de même pour les autres ; ce n'est que par le concours des plus savans Botanistes qu'il sera possible de le découvrir : *Tentet veteranus*, dit *Linné*. Je les invite donc à s'exercer sur ce sujet ; ce sont des espèces de problèmes botaniques, que je leur donne à résoudre. J'indique, dans la livraison suivante, les rapports que j'ai pu connoître ; ils y font le sujet d'une dissertation particulière. Elle est composée de douze planches.

Si je me conformois aux usages reçus, j'ouvrirois une souscription, c'est-à-dire, je ferois une espèce de contrat, par lequel, d'un côté, les acquéreurs s'engageroient à retirer successivement toutes les parties de l'ouvrage, suivant le prix convenu ; moi, du mien, je promettrois de l'exécuter de telle ou telle manière, et dans un délai prescrit : mais l'expérience a souvent prouvé que ces engagemens sont illusoires, ne pouvant y avoir de moyens coërcitifs pour faire remplir de part et d'autre les conditions. J'aime mieux m'en remettre à la curiosité, pour faire débiter mon ouvrage; j'espère avoir assez d'alimens pour l'entretenir et faire désirer sa suite. Cette livraison doit être considérée comme un Prospectus, et un aperçu du total; les autres, qui seront en tout au nombre de douze, paroîtront successivement, et dans le plus court délai possible; elles contiendront toutes au moins quatre feuilles d'impression et dix planches, en sorte qu'elles formeront un fort volume *in-quarto*, qui fera un tout complet; et par ce moyen aura plusieurs avantages des ouvrages périodiques, sans en avoir les inconvéniens. C'est ainsi que je pourrai corriger successivement les fautes qui pourroient m'échapper.

Dès que son succès sera assuré, je livrerai à l'impression les autres parties de ma Flore, en sorte qu'elles la suivront de près. Je suis loin de l'annoncer comme le catalogue complet de toutes les plantes qui croissent sur les îles que j'ai parcourues. Pour faire voir combien cette prétention seroit exagérée, il suffit de remarquer que les environs de Paris sont visités avec soin, depuis cent cinquante ans, par nos plus habiles Botanistes: cependant, comme l'a dit M. *de Saint-Pierre*, Flore ne leur a pas encore montré le fond de son panier; car, tous les jours, on y rencontre des plantes qui avoient éludé leurs recherches. On peut juger par là que je ne peux me flatter que d'avoir ébauché la Flore de nos deux colonies Africaines, quelque circonscrites qu'elles soient; car les dernières courses que j'y ai faites m'ont toujours procuré quelque chose de nouveau.

Que sera-ce donc de Madagascar, où je n'ai vu que la moitié du cours des saisons, et où je n'ai pu pénétrer qu'à une petite distance? Si l'on compare ce court espace de temps et de terrain à sa vaste étendue, on pourra juger que je n'ai rapporté qu'un foible échantillon de ses richesses végétales. On sait avec quel enthousiasme *Commerson* s'exprimoit sur la variété des productions qu'il y avoit remarquées; elle est telle, que les récoltes qu'il y a faites contiennent beaucoup d'objets que je n'ai pas rencontrés: j'en ai aussi un grand nombre qui ne sont pas dans ses collections; ce qu'il en reste forme une des richesses du Musée d'Histoire naturelle. L'on sait avec quel zèle ceux qui sont à la tête de ce superbe monument font servir aux progrès des sciences ce vaste dépôt qui leur est confié, soit en faisant connoître eux-mêmes ses différentes parties, soit en encourageant les recherches de tous les savans. Je profiterai de cette bienveillance universelle et de l'amitié dont la plupart m'honorent, pour comparer mes herbiers avec ceux de cet infortuné voyageur; par ce moyen, je réunirai mes découvertes aux siennes. Je m'empresserai de faire connoître toutes celles où j'aurai été prévenu par lui. J'aurai encore occasion de citer plusieurs autres personnes qui m'ont devancé dans cette carrière; ma Flore deviendra le résumé de toutes leurs découvertes.

Cet ouvrage ne contiendra pas tous les travaux que j'ai rapportés, beaucoup ne pourront entrer dans son plan; mais je les publierai de manière à laisser la plus grande liberté pour leur acquisition : ils feront bien partie de l'*Histoire générale des Plantes*, mais ils n'en seront que les accessoires. De ce nombre sera l'examen approfondi de familles particulières dont j'ai figuré toutes les espèces; comme les Fougères et les Orchides. J'ai développé, dans les unes et les autres, des parties qui ne m'ont pas paru avoir été bien connues jusqu'à présent. On sait aussi que ces plantes se refusent à la culture, surtout les dernières, la plupart de celles qui habitent les Tropiques étant parasites; de plus, leur substance grasse les rend méconnoissables dans les herbiers.

Il me restera, en outre, l'historique de mon voyage, et les observations de tout genre qui en ont été le résultat; entr'autres, la description et la petite Flore de Tristan d'Acugna, dont j'ai lu l'extrait à l'Institut national, en Nivose an XI. Tous ces ouvrages, je le répète, seront indépendans de la Flore, quoique lui faisant suite, et paroîtront suivant que les circonstances me le permettront.

DISSERTATION

HISTOIRE

DES VÉGÉTAUX

RECUEILLIS

DANS LES ISLES AUSTRALES D'AFRIQUE.

PREMIÈRE PARTIE.

INTRODUCTION.

Au renouvellement des sciences, les premiers Botanistes se servirent des mots de genre et d'espèces; mais, tirés des anciens et de l'école, ils n'avoient point de signification précise, et n'étoient que des êtres de raison. Quelques-uns, cependant, tels que *Gesner* et *Jungius*, avoient essayé de leur donner de la consistance : mais cette gloire étoit réservée à *Tournefort* ; il leur prêta pour ainsi dire un corps, en appuyant leur existence sur des considérations tirées de l'examen de leurs parties. Ainsi le genre devint un groupe d'espèces dont la fructification avoit la même configuration : servant de premiers échelons à sa méthode, il ne présenta que les caractères qui pouvoient les faire reconnoître sûrement; d'excellentes figures, faites sous sa direction, suppléoient à ses descriptions. Cette heureuse idée n'eut que des approbateurs; mais quelques-uns voulurent se frayer des routes nouvelles, en présentant d'autres méthodes. Les genres de *Tournefort* ne purent pas toujours s'y prêter. Il fallut en former de nouveaux, en dépéçant les anciens; il en résulta une fluctuation qui tendoit à faire rentrer la Botanique dans le chaos. *Linné* parut alors : sa perspicacité lui faisant découvrir le danger, il voulut y remédier. Ne croyant pouvoir extirper le mal que par l'autorité, il dicta des lois; mais, comme tous les anciens législateurs, il voulut dériver sa puissance d'une source respectable : il invoqua la nature elle-même, et prononça que tous les genres étoient son ouvrage; il proposa une formule de description à laquelle il

I

donna le nom de caractère naturel; il n'y fit entrer que les parties de la fructification, et proscrivit les figures comme inutiles. Il lança, enfin, une espèce d'anathème contre tous ceux qui ne regarderoient pas les genres comme naturels. *Linné* étoit trop éclairé pour ne pas sentir lui-même qu'il avoit été trop loin; mais il crut nécessaire, pour la science, d'imiter les astronomes et les musiciens, qui, au défaut d'un point fixe de départ, supposent, les premiers un méridien, et les seconds un ton, d'où dérivent tous les autres.

Depuis ce moment, les genres sont devenus la base de la Botanique et des autres parties de l'histoire naturelle où ils sont entrés; et l'établissement de genres nouveaux devient une époque remarquable dans leurs fastes. Cette idée de genre nouveau ne suppose pas toujours un objet nouveau; car, malgré les soins de *Linné*, un examen plus approfondi, de nouvelles observations, peuvent engager à détacher quelques plantes d'anciens groupes, pour en former d'autres. Quand ces changemens ne sont fondés que sur des minuties, et que les genres qui en résultent doivent rester près des anciens, la science y perd plus souvent qu'elle n'acquiert. Il n'en est pas de même, lorsque, par des vues profondes et un examen réfléchi, on vient à découvrir que des plantes disparates sont réunies, et que, par là, leurs rapports naturels sont contrariés; les détacher et les remettre à leur vraie place, devient un service plus important, peut-être, que de procurer la connoissance d'objets absolument neufs. La formation des genres *Ægle* et *Feronia*, par M. *Corréa*, dont je vais parler tout-à-l'heure, en fournit un exemple remarquable.

Ainsi, dans l'état actuel de la science, le premier soin d'un Botaniste entre les mains de qui tombe une plante inconnue, est de chercher à voir si elle ne doit pas se réunir à quelques-uns des genres précédemment établis. Lui découvre-t-il tous les caractères qui constituent l'un d'eux, il la réunit au groupe qu'il forme, elle prend son nom; il n'a plus d'autre soin que de la distinguer comme espèce : si, au contraire, elle diffère de tous par des points remarquables, il la regarde alors comme formant un genre nouveau; mais, quoique distinct par quelques notes, il peut en avoir de communes, et par là se rattacher à des groupes mêmes de genre, c'est-à-dire, à des ordres ou des familles naturelles. Il pourra arriver qu'elle ne se rapportera à aucun d'eux; elle restera sur le sol comme une pierre d'attente : peut-être qu'une ou plusieurs autres viendront s'y réunir, et indiquer la place qu'elle doit tenir dans l'édifice général.

Dans tous ces cas, elle doit être signalée de manière à pouvoir être reconnue : c'est par le moyen de la description exacte de toutes ses parties, que l'on pourra obtenir un caractère naturel qui indique, pour le moment, ou par la suite, sa véritable place. Ce n'est pas encore assez : une description, quelque minutieuse qu'elle soit, laisse de côté une infinité de détails qui mettent souvent sur la voie : le port, surtout, ne peut, le plus souvent, être exprimé; une figure exacte y supplée efficacement, et est aussi essentielle. Il est même difficile de juger qui, de l'imprimerie ou de la gravure, a rendu le plus de services à l'histoire naturelle.

Ayant rencontré dans mes voyages des plantes qui m'ont paru devoir former des genres nouveaux, je dois donc, pour leur parfaite connoissance, donner au public leur caractère et leurs figures. Je vais parler de la marche que j'ai suivie pour les uns et les autres.

D'après les découvertes nouvelles, et surtout d'après l'application soutenue à la recherche de la méthode naturelle et les travaux, des *Adanson* et des *Jussieu*, il étoit aisé de s'apercevoir que *Linné* étoit resté fort en arrière, et que sa formule étoit insuffisante; mais c'étoit l'arche sainte, il n'étoit pas donné à tout le monde d'y toucher. J'étois incertain du parti que je prendrois là-dessus, lorsque, dans les *Transactions de la Société Linnéenne* de Londres, je rencontrai un morceau qui m'indiqua une route sûre; c'est un mémoire de M. *Corréa*, sur l'établissement de deux nouveaux genres de la famille des Orangers (1) : quelque court qu'il soit, il laisse entrevoir toute la profondeur et la sagacité de ce savant; on finit par éprouver le regret qu'il n'ait pas publié un plus grand nombre d'ouvrages, surtout son travail sur la famille des Orangers, dont celui-ci fait partie. Ayant eu le bonheur de faire depuis sa connoissance, et de trouver en lui un ami, j'espère faire usage des trésors qu'il enfouit; ils contribueront à la perfection de cet ouvrage, qui lui doit déjà beaucoup. Je vais le laisser parler lui-même.

---

(1) Ces deux genres sont formés des *Cratæva marmelos* de *Linné*, et *balanghas* de *Kœnig* : l'un et l'autre sont figurés dans les *Plantes de la côte de Coromandel*, du docteur *Roxburgh*, sous les noms d'*Ægle marmelos* et de *Feronia elephantium*, fascicul. VI, pl. 141 et 143; mais cet auteur n'a pas fait usage du travail de M. *Corréa*, pour les parties de la fructification. Dans le sixième volume des *Transactions Linnéennes*, il se trouve un troisième genre formé sur les mêmes principes, c'est le *Doranthes*, voisin des *Agave*. Il annonce de profondes recherches sur les Lilliacées.

Extrait *d'un Mémoire de M.* Corrêa de Serra, L. L. D., *Membre des sociétés Royale et Linnéenne de Londres, sur deux genres de la famille des Orangers ; traduit des* Transactions de la Société Linnéenne, tome V, page 218 et suivantes.

« Parmi les nombreux avantages que la Botanique a tirés, depuis peu,
» des progrès faits dans la connoissance des affinités naturelles des plantes,
» un des plus frappans est la facilité qu'elle procure, dans plusieurs ren-
» contres, de rappeler à leur place naturelle des plantes qui, par des
» méprises inévitables dans un système artificiel, même dans le plus ingé-
» nieux, ont été rapportées à des genres qui leur sont étrangers. L'examen
» des deux plantes mentionnées ci - dessus présentera, j'espère, un
» exemple de cet avantage.
» Avant de procéder à la description de la fructification de ces deux
» plantes, comme je compte m'écarter en plusieurs points de la méthode
» ordinaire de décrire, je dois exposer les raisons qui m'ont persuadé de
» l'utilité et même de la nécessité des changemens que j'adopte, et
» montrer que la singularité et l'esprit d'innovation n'ont point été mes
» guides, mais que l'état présent de la science exige ce changement de
» méthode. . . . . . .
» Des six divisions de la méthode Linnéenne, pour la description des
» genres, quatre ont rapport à la fleur, et existent au même instant,
» savoir, le calice, la corolle, les étamines et le pistil ; les deux autres
» n'existent qu'après le dépérissement de ceux-ci, savoir, le péricarpe et
» les graines. Ils sont les produits de la fleur plutôt qu'une de ses parties ;
» et leur structure, à cette période où ils sont devenus le sujet de l'obser-
» vation et de la description, a souvent subi des altérations importantes
» de l'état où ils étoient dans la fleur. *Linné* les a considérés sous ce
» point de vue, quand il décrit le germe, c'est-à-dire, le fruit tel qu'il
» existe dans la fleur, comme faisant partie du pistil, et qu'il le décrit
» de nouveau dans les articles du péricarpe et des graines, pour mon-
» trer sa structure telle qu'elle est, long-temps après le dépérissement de
» la fleur, quand il est mûr et parfait.
» Les Botanistes précédens ayant prêté beaucoup d'attention au calice
» et à la corolle, et le système sexuel étant fondé sur l'examen minutieux
» des étamines et pistils, ces quatre parties sont présentées avec soin et

» exactitude, dans les descriptions Linnéennes des genres ; mais il n'en
» est pas de même pour les fruits et les graines. Par les observations de
» *Jussieu*, de *Gœrtner*, et d'un petit nombre d'autres Botanistes, nous
» sommes en état de décrire ces objets importans avec une exactitude
» inconnue aux temps précédens, et de tirer du détail de leurs parties
» plusieurs caractères (la plupart d'un grand poids) qui, multipliant les
» points de comparaison, établissent avec plus de stabilité les degrés
» d'affinité ou de différence entre les plantes, et par là nous conduisent
» à une connoissance plus intime de leur nature. Même dans la descrip-
» tion de la fleur, les progrès faits dans la Botanique depuis la mort de
» *Linné* exigent quelques changemens : 1°. parce que l'insertion des
» étamines, caractère d'un ordre supérieur, n'a été soigneusement indi-
» quée par cet auteur que dans l'icosandrie, la polyandrie et la gynan-
» drie, se trouvant, dans ces classes, former le caractère classique ;
» 2°. parce qu'en raison de ce que cette multitude d'organes diffé-
» rens qui portent en général le nom, insignifiant dans plusieurs cas,
» de nectaires, sont physiologiquement séparés, la nécessité de désigner
» ce qu'ils sont dans la nature se fait sentir vivement de plus en plus ;
» 3°. enfin, parce que le germe lui-même, comme partie de la fleur,
» diffère très-souvent, en nombre de loges et de graines, du fruit mûr.
» La comparaison de ces deux états du même objet demande une atten-
» tion, de la part de ceux qui recherchent les sentiers de la nature,
» beaucoup plus considérable qu'on ne lui en a accordé jusqu'à présent.
» Ces raisons, j'espère, seront une excuse suffisante aux yeux de tout
» Botaniste de bonne foi, pour avoir entrepris de décrire la fructification
» des plantes qui sont le sujet de ce Mémoire, en douze articles, au
» lieu de six, dans l'ordre suivant :
» 1°. La fleur, dans les quatre divisions Linnéennes ordinaires, calice,
» corolle, étamines et pistil, indiquant en outre l'insertion des étamines
» et la nature de ce que *Linné* nomme, dans des cas analogues, *nectaire*.
» 2°. Le fruit, en quatre divisions, savoir : les parties de la fleur qui
» persistent et accompagnent le fruit, que je désigne sous le nom
» d'*induviœ*, le péricarpe, la *placentation* des graines, et la déhiscence.
» 3°. La graine, en quatre divisions, savoir : sa forme, ses tégumens,
» son périsperme, et son embryon.
» Les deux genres dont je vais maintenant m'occuper, manquent de
» quelques-unes de ces parties ; mais il est aussi intéressant pour un

» Botaniste de connoître l'absence de certaines parties, que de connoître
» la forme de celles qui existent. »

Tel est le guide que j'ai choisi, et dont je vais suivre les traces, dans la
description du caractère des plantes qui m'ont paru devoir former des
genres nouveaux ou compléter les anciens. Destinés à concourir aux
bases de la science, je les décrirai en latin, parce que les termes tech-
niques y ont une signification plus précise, et que cette langue sert de lien à
tous les savans de l'Europe. Le caractère essentiel, c'est-à-dire, le résumé
du caractère naturel, qui ne présente que ce qui y est réellement dis-
tinctif, ainsi que le caractère habituel, ou l'ensemble des autres parties
étrangères à la fructification, seront pareillement écrits en latin. Mais
comme cet ouvrage n'est pas seulement destiné aux savans de profession,
et qu'il pourra être utile aux lieux où j'ai reçu pendant dix ans une hospitalité généreuse, je joindrai une description sommaire spécifique, en
français, avec les particularités que j'aurai pu réunir.

Cette marche uniforme procurera une facilité pour les figures; c'est
que je pourrai, à l'exemple du *Flora Herbornensis* de *Leers*, employer,
dans toutes, les mêmes lettres pour désigner les mêmes parties, en sorte
qu'une seule explication servira pour toutes : elle aura même un avantage, c'est que, se trouvant à la fin, elle deviendra le résumé de toutes
les singularités que présentent les objets nouveaux que je décris; comme
dans l'ouvrage cité et celui de *Gærtner*, les objets vus à la loupe seront
désignés par les mêmes lettres, mais majuscules.

Il ne me reste plus qu'à dire un mot sur ces figures; il devroit être
d'excuse, pour oser présenter des esquisses aussi imparfaites, dans un moment où une foule de superbes ouvrages semblent se disputer la préémi-
nence, pour la beauté et l'exactitude de leur exécution.

Mais le vœu des vrais Botanistes m'encourage; ils verront sans doute avec
plaisir une tentative pour ramener la simplicité qui doit diminuer les frais
de cette partie importante de la science. Les planches que je donne sont au
trait simple, ce que *Linné* a appelé fondamental, et que M. *Adanson* a
tant recommandé. Elles ont été employées précédemment par *Fuchs* et
Plumier, et dans ce moment, dans les ouvrages les plus somptueux de
l'Angleterre, publiés par *Smith* et *Banks*, tels que les *Plantes de la côte de
Coromandel*, du docteur *Roxburgh*.

Avant mon départ d'Europe, je n'avois jamais dessiné qu'à la règle et au
compas; mais excité par les premières plantes que je rencontrai sur l'île de

Tristan d'Acugna, j'essayai de les crayonner. Depuis ce moment, j'ai tenté la même chose sur presque toutes celles qui m'ont paru nouvelles. Je me suis surtout appliqué à développer, à l'imitation de *Gœrtner*, les parties intérieures de leur fructification. J'aurois pu donner plus de vie à mes dessins, en les faisant retoucher par un artiste; mais le fini qu'elles eussent acquis par là, eût peut-être été aux dépens de leur exactitude.

Le complément d'un genre nouveau est la création d'un nom qui puisse le désigner par la suite. *Linné* a étendu sa législation sur cet objet, plus important qu'on ne croit communément; il a même donné des effets rétroactifs à ses lois: car, par le moyen de quatorze axiomes, dit M. *Adanson*, il a bouleversé la nomenclature de ses prédécesseurs, et malheureusement on ne peut pas dire que par là elle se soit améliorée; elle est devenue, au contraire, d'une incohérence extrême, en sorte qu'aucune partie de la science n'a peut-être plus besoin de réforme que celle-là. Mais, après *Linné*, qui oseroit l'entreprendre? Il faut, en attendant, suivre le sentier battu, et présenter des noms dans le genre de ceux qui existent déjà. J'avoue cependant que je tiendrois beaucoup à conserver les noms employés dans les pays où les plantes sont trouvées pour la première fois, quoique prescrits par *Linné*, comme barbares, pourvu cependant qu'ils ne fussent pas trop baroques, comme ceux du Mexique cités par *Hernandez*. Ceux des habitans de Madagascar, d'où j'ai rapporté le plus de genres nouveaux, sont en général fort doux; mais ayant passé trop peu de temps dans ce pays pour me familiariser avec sa langue, je n'en ai pu connoître qu'un petit nombre. A leur défaut, j'en puiserai dans la langue grecque, qui sera toujours une source intarissable, par la facilité avec laquelle elle se prête à la composition des mots nouveaux, que son harmonie naturelle rend toujours sonores. Je prendrai aussi quelques noms propres : si je ne suivois que les mouvemens de ma reconnoissance, je ferois passer en revue, par ce moyen, tous ceux dont l'amitié m'a soutenu dans mes voyages; mais pour intéresser les Botanistes à conserver ces monumens, je me borne à présenter ceux qui m'ont rendu des services tendant directement aux progrès de la science. Je me plairai aussi à tirer de l'oubli des gens de mérite qui ont travaillé à la Botanique française, comme M. *Bonami*, à la mémoire duquel je consacre un de mes nouveaux genres.

EXPLICATION GÉNÉRALE DES FIGURES.

a A. *FLOS*; la fleur : 2, sa coupe verticale.

b B. Calix; le calice.

c C. Corolla; la corolle et ses différentes parties.

d D. Stamina; les étamines : 1, vues de face; 2, de côté; 3, par derrière; 4, coupe horizontale.

e E. Pistillum; le pistil : 2 et 3, ses coupes horizontales et verticales.

f F. *FRUCTUS*; le fruit entier; 2 et 3, ses coupes horizontales et verticales.

g G. Induviæ; parties de la fleur persistante.

h H. Pericarpium; le fruit dépouillé de ses accessoires.

i I. Placentatio; manière dont les graines sont attachées au réceptacle.

j J. Dehiscentia; dehiscence; manière dont le fruit s'ouvre.

k K. *SEMEN*; La graine détachée.

l L. Forma; la forme et ses différens accessoires.

m M. Tegumenta; les tégumens ou les différentes enveloppes.

n N. Perispermum; le périsperme, ou *Albumen* de *Gœrtner*.

x X, y Y. Nectarium, *Lin.* Le nectaire de Linné, ou les glandes et autres parties extraordinaires de la fleur.

a d, A D. Flos masculus; fleur mâle ou à étamines.

a e, A E. Flos femineus; fleur femelle ou pistillaire.

Les lettres minuscules indiquent les objets de grandeur naturelle, et les capitales les mêmes vus à la loupe.

L'ouvrage sera terminé par un tableau plus ample, qui deviendra la récapitulation de ce que chaque genre présentera de remarquable.

DIDYMELES.

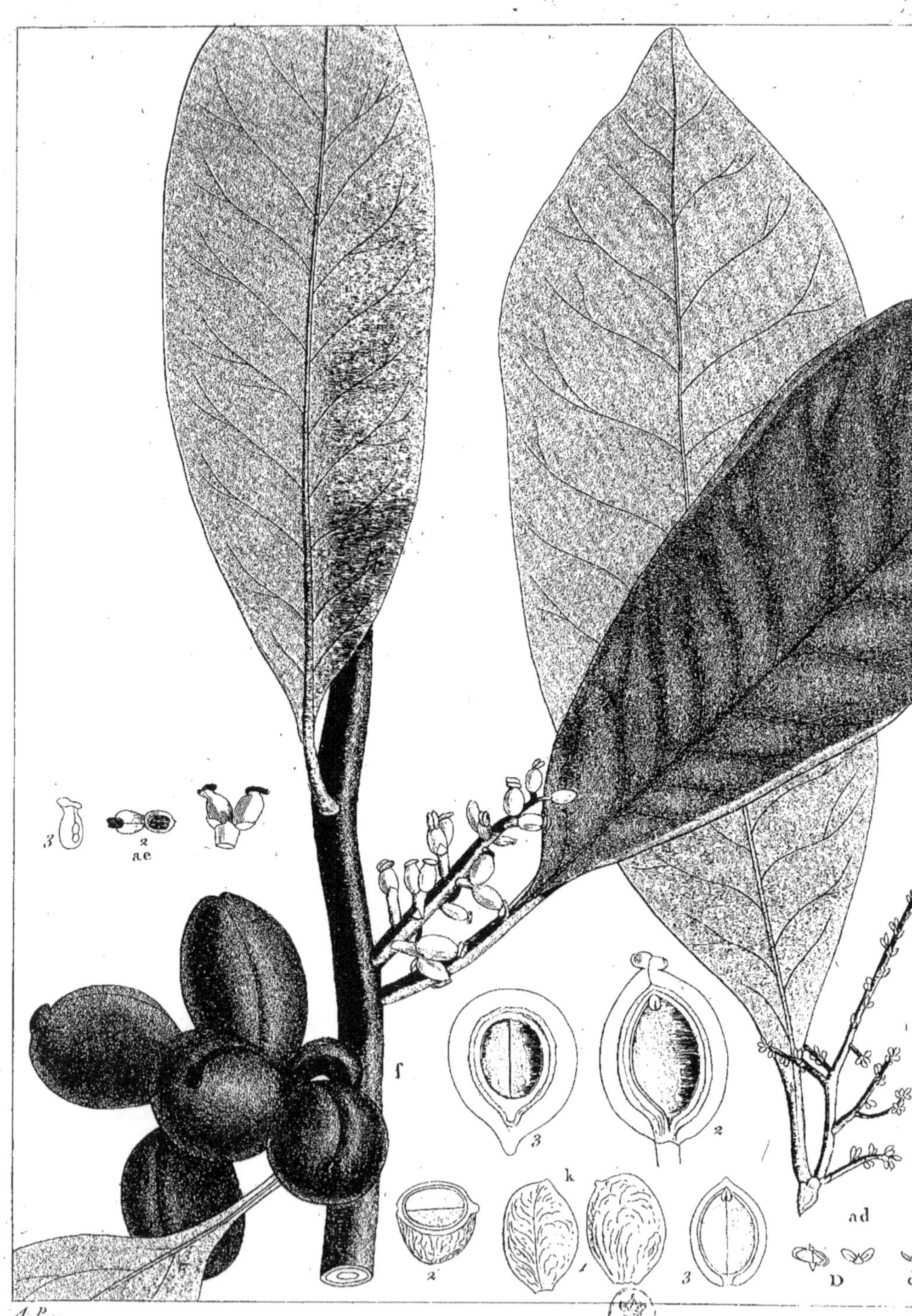

DIDYMELES.

DIDYMELES. Tab. I.

FLOS *dioicus, apetalus, diander; stamina sessilia; digynus; fructus drupaceus, monospermus; nucleus osseus; embryo nudus, inversus; cotyledones crassæ.*

   * *Flos diclinis*, in distinctâ arbore.

   Flos stamineus. Racemus compositus.

CALIX? Squamulæ duæ ad latera staminum.

COROLLA 0.

STAMINA. Antheræ duæ sessiles, cuneiformes, basi junctæ, extrorsùm dehiscentes.

   Flos pistillaris. Spica simplex, suprà axillaris.

CALIX. Squamulæ duæ, dorso pistillorum insertæ.

COROLLA 0.

PISTILLUM. Ovaria duo monosperma, ovata, internè sulcata; stylus nullus; stigma bilobum.

   ** *Fructus*.

INDUNIÆ. Stigmata apice persistentia.

PERICARPIUM. Drupa duplex, vel ab ortu unica, ovata, monosperma; nucleus arillo carnoso baccatus, apice acuminatus, supernè reticulatus; testâ osseâ, solida.

PLACENTATIO. Chorda pistillaris lateralis; funiculus umbilicalis, ex apice descendens, brevis; embryo inversus; radicula superior.

DEHISCENTIA, nulla.

   *** *Semen liberum*.

FORMA. Semen ovato-acuminatum.

INTEGUMENTUM. Externum coriaceum.

PERISPERMUM 0.

EMBRYO. Semini conformis; radicula brevis, cylindrica; cotyledones crassæ, semi-ellipticæ, internè planæ, vetustate coalescentes.

   Arbor elata, patula; folia alterna, petiolata, magna; flores parvi, suprà axillares, in feminis spicati.

   Nomen, διδύμος, geminus, μελὸς, membrum, à duplicibus partibus fructificationis.

Ce genre est formé d'un arbre de Madagascar, qui s'élève à une hauteur médiocre. Il est ramassé en tête assez élégante; ses rameaux sont alongés, recouverts d'une écorce lisse, jaunâtre : les feuilles sont alternes, éparses, grandes; elles se terminent, à la base, en un pétiole long d'une pouce environ, arrondi en dessous, canaliculé en dessus : la lame (ou disque de la feuille) est ovale, acuminée vers le sommet, un peu épaisse; ses bords sont très-entiers et un peu repliés en dessus; elle est d'un vert un peu jaunâtre, longue de quatre à cinq pouces, le tiers de large; la nervure latérale est carinée en dessous : les latérales sont un peu écartées, au nombre de dix environ; elles forment un angle aigu à leur naissance; elles sont peu saillantes, surtout sur la surface supérieure.

Les fleurs sont peu apparentes; elles sont unisexuelles et remarquables par leur extrême simplicité. Les mâles, qui se trouvent sur un arbre distinct, sont rassemblées aux aisselles, sur une espèce de chaton rameux : il est composé d'un premier rameau, long de trois pouces environ; il donne naissance, à sa base, à deux ou trois autres rameaux, simples pour l'ordinaire, dont les sommets portent les fleurs; elles y sont éparses, et ne consistent qu'en deux anthères sessiles, en forme de coin, contiguës à leur base; de chaque côté se trouve une petite écaille, qui complète cette fleur. Les fleurs femelles sont à peu près disposées de même; mais leur chaton est simple, plus épais, ayant une ligne de diamètre : il sort à une petite distance au-dessus de la feuille. Chaque fleur a un pédicule particulier, long de trois lignes sur une de diamètre : il supporte deux ovaires, dont les sommets s'épanouissent chacun en un stigmate à deux lobes; chaque ovaire est accompagné d'une écaille, qui n'est pas latérale comme dans les mâles, mais dorsale.

Il leur succède une ou deux drupes, d'un pouce et demi dans leur plus grand diamètre, et du tiers dans l'autre. Le noyau est revêtu d'une arille charnue; la coque est dure, osseuse, réticulée en dessus par des nervures : l'embryon est renversé; ses cotylédons sont épais, sans périsperme; ils sont d'une très-grande amertume, comme le Marron d'Inde.

Les habitans de Madagascar donnent à cet arbre le nom de *fangan babé*; je n'ai pu découvrir s'ils en tiroient quelque service. Il est en fleur et en fruit, une grande partie de l'année, et n'est remarquable, jusqu'à présent, que par la singularité de ses fleurs : deux étamines et deux pistils presque nus composent l'une et l'autre. C'est de cette duplicité de parties que j'ai tiré son nom. (*Voy.* page 26.)

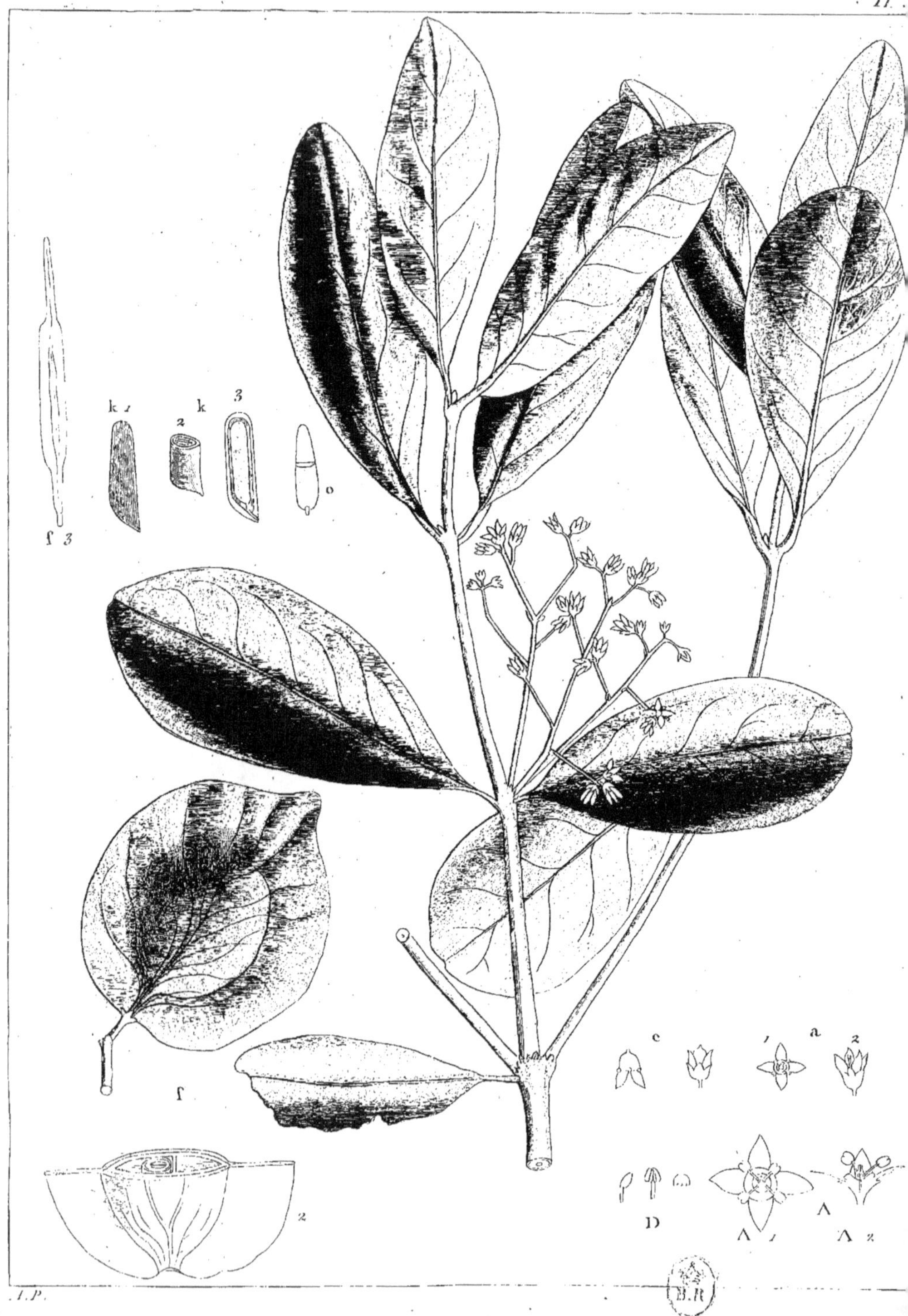

PTELIDIUM.

PTELIDIUM. Tab. II.

FLOS *hermaphroditus, completus, tetrapetalus, perigynus, isostemon, monogynus; discus centralis, staminifer et pistillifer; capsula inaperta, cycloptera, bilocularis, disperma, semen rectum; perispermum carnosum; cotyledones planæ, virides.*

* *Flos.*

CALIX. Minimus, quatrilobus, persistens.

COROLLA. Perigyna, polypetala, petala quatuor, basi lata, calice longiora.

Discus centralis, promens stamina et pistillum.

STAMINA. Quatuor; petalis alterna; antheræ apice insertæ; lobi discreti, extrorsum dehiscentes.

PISTILLUM. Ovarium, compressum; minimum, dispermum; stylus vix ullus; stigma minimum.

** *Fructus.*

INDUVIÆ. Calix immutatus, persistens.

PERICARPIUM. Capsula (samara, *Gærtner*) non dehiscens, compressa, coriacea; alâ auctâ (cycloptera, *Rich.*), bilocularis; loculi monospermi, uno sæpè abortiente.

PLACENTATIO. Chorda pistillaris centralis; funiculi umbilicales, breves ex basi; semen rectum; radicula inferior.

DEHISCENTIA. Nulla.

*** *Semen liberum.*

FORMA. Oblonga, compressa.

INTEGUMENTUM. Testa coriacea, lævis.

PERISPERMUM. Tenue, semini conforme, carnosum.

EMBRYO. Rectus, oblongus, viridis; radicula brevis; cotyledones planæ.

Frutex diffusus; rami oppositi; folia opposita, petiolata, ovata, firma; flores minimi; paniculæ axillares, foliis brevioribus.

Nomen ductum à *Ptelea*, cui externè simillimus.

Ce caractère générique est pris d'un arbuste de Madagascar, qui ne présente rien de bien remarquable. Il s'élève à une hauteur médiocre, d'une douzaine de pieds (1) : ses rameaux sont réunis en forme arrondie, ils sont garnis de feuilles un peu plus longues que leurs entre-nœuds ; elles se terminent, à la base, en un pétiole court, long de cinq à six lignes, canaliculé en dessus : la lame est ovale, à bords entiers, quelquefois roulés en dessous ; elle est d'une substance sèche et ferme, d'un vert jaunâtre, longue de deux à trois pouces, de la moitié au tiers de large ; la nervure principale est peu saillante, les secondaires sont en petit nombre, cinq à six de chaque côté ; elles forment sur la première, des angles aigus, et vont se perdre vers les bords.

Les fleurs sont très-petites et de peu d'apparence ; elles viennent aux aisselles, en panicules peu garnies, moins longues que les feuilles ; elles sont au nombre de deux ou trois : les premiers rameaux sont alongés, droits ; ils se subdivisent une ou deux fois ; les derniers portent, à leur sommet, deux ou trois fleurs complètes, à quatre pétales, et ouvertes au moment de l'épanouissement. Cette fleur a environ quatre lignes de diamètre ; les pétales en ont une et demie de long ; leur base est large ; les étamines sont en nombre égal aux pétales, et de même longueur qu'eux ; elles sont insérées sur un disque particulier ; après la défloraison, elles sont rejetées en dehors : le pistil est très-petit et disperme.

Le fruit qui succède ressemble à une feuille, étant comprimé et bordé d'une aile membraneuse ; il est obrond, acuminé vers le sommet ; il a deux pouces de long et les deux tiers de large, trois lignes à peine d'épaisseur ; il est d'une substance coriace et très-tenace, divisé en deux loges qui doivent contenir naturellement chacune une graine ; mais le plus souvent l'une d'elles avorte : cette graine est oblongue, elle est recouverte d'un test membraneux ; l'embryon est droit ; ses cotylédons sont planes, oblongs, et verts ; ils sont renfermés dans un périsperme corné.

Il fleurit dans la saison froide, Juillet et Août ; je n'ai pu découvrir que l'on en tirât quelque service. (*Voy.* page 29.)

---

(1) On sait combien les plantes varient, pour les dimensions de leurs parties ; aussi je n'indique dans mes descriptions une mesure certaine que pour fixer l'imagination : pour cela, je me sers des anciennes dénominations, comme ayant rapport avec celles qu'a indiquées *Linné*, dans sa *Philosophia botanica*.

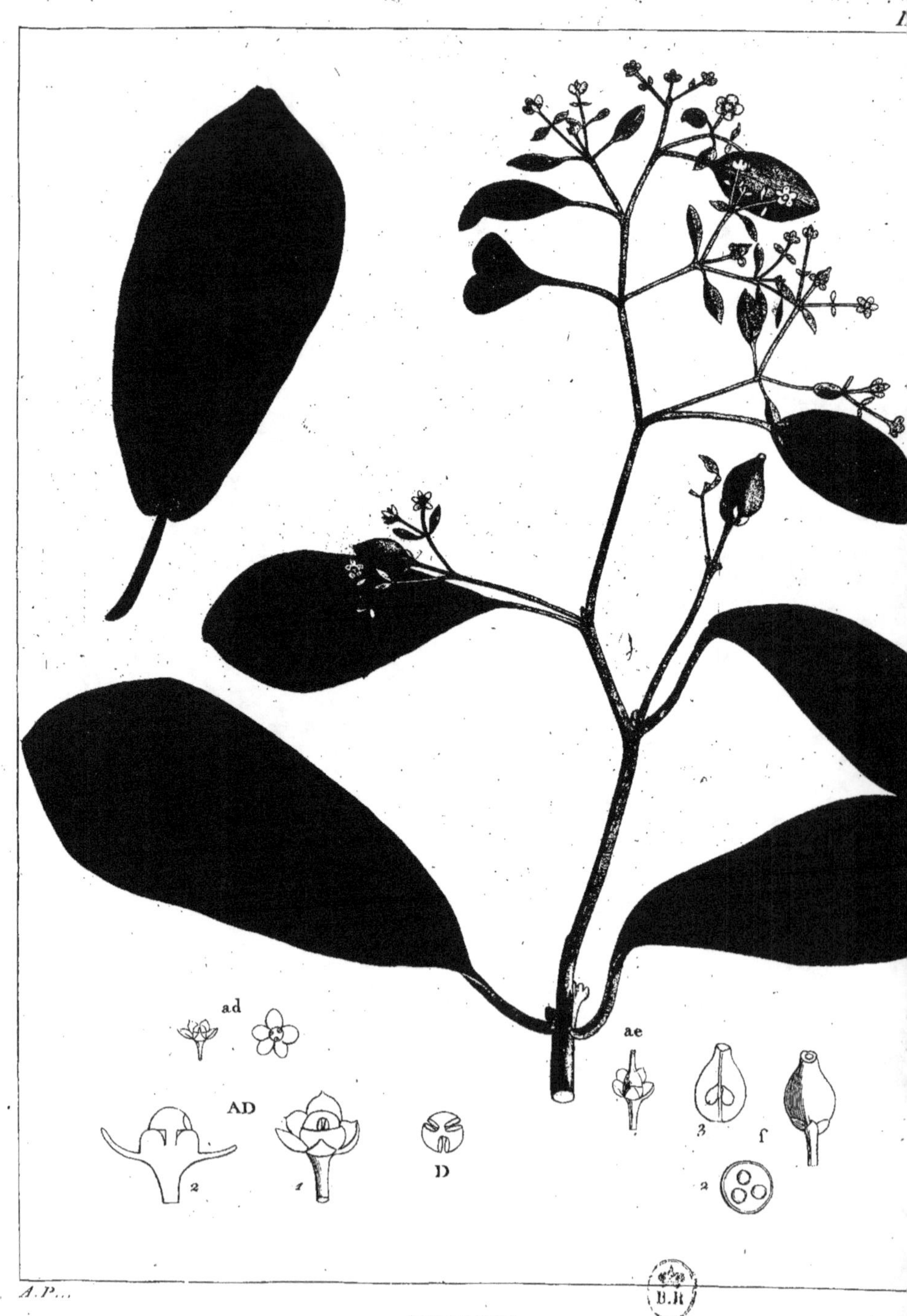

ad
AD
ae
D
HECATEA.
A.P.
B.R

(13)

HECATEA. Tab. III.

Flos *diclinis, monoicus, apetalus, meiostemon; calix quinquelobus; filamentum unicum, centrale; antheræ tres, syngenesæ, fungiformes; fructus baccatus, trispermus.*

** Flos diclinis, femineus et pistillaris, in iisdem paniculis.*
Flos stamineus, terminalis.

Calix. Urceolaris, quinquelobus, intùs coloratus.

Corolla. o.

Discus centralis, carnosus, centro depressus.

Stamina. Filamentum unicum, centrale breve; antheræ tres, aggregatæ in pileo fungiformi, supernè convexo; infernè plano, fissurâ tenui tantùm distinctæ; loculus internus ex utroque latere fissurarum.

*** Flos pistillaris, in bifurcatione paniculæ.*

Calix. Ut in masculis, persistens.

Corolla. o.

Discus, idem.

Pistillum. Ovarium unicum, stylo brevi acuminatum; stigmata tria, minima; ovula tria, centro affixa, pendentia.

*** Fructus.*

Induviæ. Calix persistens, immutatus.

Pericarpium. Bacca, obversè turbinata, trisperma.

Placentatio. Chordâ pistillaris, centralis; funiculi tres, breves; semina inversa.

Dehiscentia....

**** Semen liberum (in maturitate prætervisâ.)*

Forma. Ovato-acuminata.

Integumentum......

Perispermum.....

Embryo.....

Arbores staturâ mediocri, inconditæ; folia alterna, vel opposita et ternatim approximata, pauci-nervia; pori duo glandulosi subtùs ad basim; flores parvi, paniculati vel racemosi, feminei in bifurcationibus.

Nomen ab *Hecate* deâ, triformi, triviis præsidente, dúctum à positione femineorum, in quodam trivio; à triplici fissurâ staminum; denique à veneno, colore lurido foliorum suspicato, deæ inferæ convenit.

Ce caractère générique est pris d'un arbre de Madagascar, de forme un peu diffuse et peu touffue ; il s'élève à une vingtaine de pieds : les feuilles de ses rameaux sont opposées ou verticillées, trois à trois, sans vestige de stipules ; elles ont un pétiole, qui a en longueur le tiers ou le quart de celle de la lame, une demi-ligne au plus de diamètre : la lame est ovale, entière, élargie vers le sommet, qui est un peu acuminé ; elle est longue de trois à quatre pouces, large du tiers au quart ; sa couleur est d'un vert foncé en dessus, qui a quelque chose de luride ; il est plus pâle en dessous. A la naissance de l'expansion, en dessous, il y a deux glandes orbiculaires enfoncées à leur centre : les nervures latérales sont peu saillantes ; elles sont au nombre de dix environ, et forment un angle presque droit sur la principale ; elles se confondent ensemble vers le bord.

Les fleurs sont réunies en panicule terminale, foliacée, peu garnie ; ses premiers rameaux vont, en se rapprochant, vers le sommet ; ils sont alternes, ainsi que les feuilles qui les accompagnent ; ils sont longs d'un pouce environ, terminés par deux feuilles bractéales, qui ne diffèrent des autres que par leur grandeur, qui va toujours en diminuant ; ils soutiennent trois rameaux ou pédicules : celui du centre est uniflore, et porte une fleur femelle ; les deux autres se subdivisent ordinairement en trois autres, dont celui du centre est encore femelle ; les deux derniers portent, vers leur milieu, deux petites bractées, et une fleur mâle terminale.

Ces fleurs sont peu apparentes dans les deux sexes, elles sont composées d'un calice à cinq globes arrondis, de trois lignes de diamètre, vert en dehors, et rouge-obscur en dedans, dont le centre est occupé par un disque charnu, coloré de même. Les étamines sont singulières : c'est un filament central, court, qui porte un chapeau comme une tête de clou, ou un champignon, arrondi en dessus, plane en dessous, divisé en trois par des fentes très-étroites ; de chaque côté des fentes, il y a une loge d'anthère, en sorte qu'il est évident que ce sont trois anthères réunies ensemble par la partie que M. *Richard* appelle *le connectif*. Dans la fleur femelle, l'ovaire est acuminé en style, terminé par trois stigmates très-petits. Le fruit, que je n'ai pas vu dans sa maturité, paroît être une baie, contenant trois graines.

J'ai observé un autre arbre, qui doit se réunir à celui-ci ; je le ferai connoître dans une autre occasion : il diffère principalement par ses feuilles beaucoup plus grandes et alternes, et ses fleurs, qui sont disposées en grappes. L'un et l'autre croissent dans le voisinage de la mer, et fleurissent en Août et Septembre. (*Voy.* page 30.)

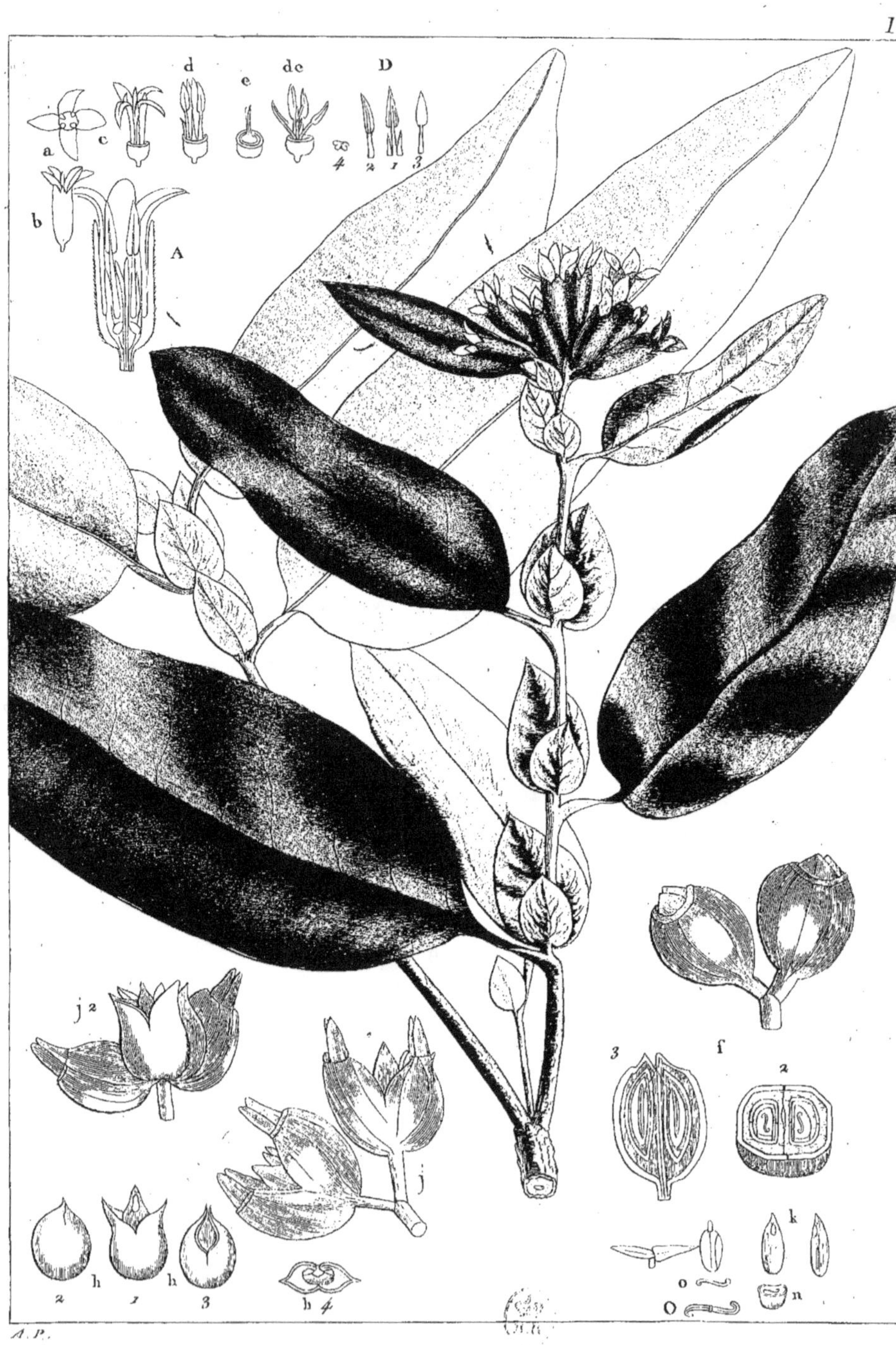

DICORYPHE.

DICORYPHE. Tab. IV.

FLOS *hermaphroditus, completus, polypetalus, epigynus, isostemon, tetrander; filamenta sterilia quatuor, fertilibus alterna; ovaria duo in basi calicis immersa; stylus bifidus. Fructus : calix circumscissus, capsularis; cocci duo elastice dehiscentes; semina duo inversa; perispermum corneum; embryo foliaceus, marginibus convolutis.*

    * *Flos.*

CALIX. Tubulosus, apice quadrilobus; basis cum ovario concreta, circumscissa et persistens.

COROLLA. Petala quatuor, calice longiora, et ejus dentibus alterna.

STAMINA. Petalis alterna, calice æqualia; antheræ oblongæ, apice adnatæ, latere dehiscentes; filamenta sterilia quatuor, subulata, staminibus alterna et contigua.

PISTILLUM. Ovaria duo, in uno coalita, in fundo calicis immersa, et cum eo concreta; stylus basi-simplex, profonde bifidus, staminibus brevior.

    ** *Fructus.*

INDUVIÆ. Basis calicis, cætero circumscisso, capsulæ-formis, sub-octogona vestigiis stylorum bicornis.

PERICARPIUM. Cocci duo, in fundo calicis immersi, ovato-acuminati, substantiâ corneâ, sub apice internè hiantes, monospermi.

PLACENTATIO. Chorda pistillaris, basi simplex, in duobus pistillis posteà divisa; chordulæ partiales brevissimæ; semina inversa; radicula superior.

DEHISCENTIA. Maturitate, calix capsularis scissus inter duos stylos; cocci contrario sensu, ex apice elasticè dehiscentes.

    *** *Semen liberum.*

FORMA. Ovato-acuminata, oblonga, nitida; hilus depressus sub apice.

INTEGUMENTUM. Testa coriacea, atro nitens.

PERISPERMUM. Corneum, semini conforme.

EMBRYO. Inversus; radicula cylindrica; cotyledones foliaceæ, tenues margine, in contrario versu inflexæ.

    Frutex : rami virgati, debiles; folia alterna, disticha, petiolata, integerrima, lanceolata; stipulæ binæ acuminatæ, inæquales; flores terminales, fasciculati.

    Nomen δι duplex, κορύφη jugum, à duobus verticibus fructûs.

Ce caractère générique, singulier, est tiré d'un arbuste de Madagascar : il s'élève à une douzaine de pieds ; ses rameaux sont élancés, foibles, recouverts d'une écorce brune ; les feuilles sont alternes, distiques (sur deux rangs), plus longues que les entre-nœuds, accompagnées, à la base, de deux stipules foliacées inégales entr'elles ; elles sont en fer de lance avec un pétiole très-court : l'une d'elles a environ un pouce de long, sur les deux tiers, à peu près, de large ; la seconde a souvent plus d'un tiers de moins dans ses dimensions. Les feuilles ont un pétiole court, ayant le cinquième ou le sixième, environ, de la longueur de la lame, épais, canaliculé en dessus ; la lame est oblongue, acuminée au sommet, ayant quatre à cinq pouces de long, le quart dans son plus grand diamètre ; elle est d'une substance ferme, très-entière dans ses bords : les nervures sont peu nombreuses et peu saillantes ; les latérales forment un angle obtus avec la principale, et se perdent ensemble vers les bords.

Les fleurs sont fasciculées en une espèce de corymbe terminal, au nombre de vingt environ ; elles ont un pédicule particulier, fort court ; elles sont complètes : le calice est tubulé, de neuf à dix lignes de long, de deux de diamètre, hérissé de poils ; le bord est découpé en quatre lobes ; la corolle est composée de quatre pétales, dont les extrémités débordent fort peu le calice, et sont ouvertes ; quatre étamines, alternes avec les pétales, dont les anthères sont oblongues, sagittées, et adnées au sommet du filament ; entre chacune il y a un filament stérile subulé ; toutes leurs bases sont contiguës et sont insérées, ainsi que les pétales, sur le fond du calice : ce fond renferme deux ovaires attachés à un style simple à sa base, mais divisé en deux à sa sortie, plus court que les étamines.

Après la floraison, le tube du calice tombe, ainsi que le reste de la fleur ; sa base forme une espèce de capsule à huit pans mousses, couronnée par un cercle, vestige du tube, et terminée par deux mamelons provenant des styles ; à maturité elle se fend en deux à travers ces styles, et laisse à découvert deux coques cornées particulières, dont le sommet s'entr'ouvre avec élasticité, dans le sens contraire au calice ; elles contiennent chacune une graine oblongue de six lignes, et de deux et demi de diamètre, revêtue d'un test coriace, noir-luisant, marquée d'un *hilus* au-dessous du sommet ; elle contient un périsperme corné, dans lequel est logé un embryon renversé, dont les cotylédons sont foliacés, minces ; leurs bords sont repliés en sens contraires, en sorte que leur coupe forme un S. (*Voyez* page 31.)

Cet arbuste croît près de Foulpointe ; il est toujours en fleur ou en fruit.

BONAMIA.

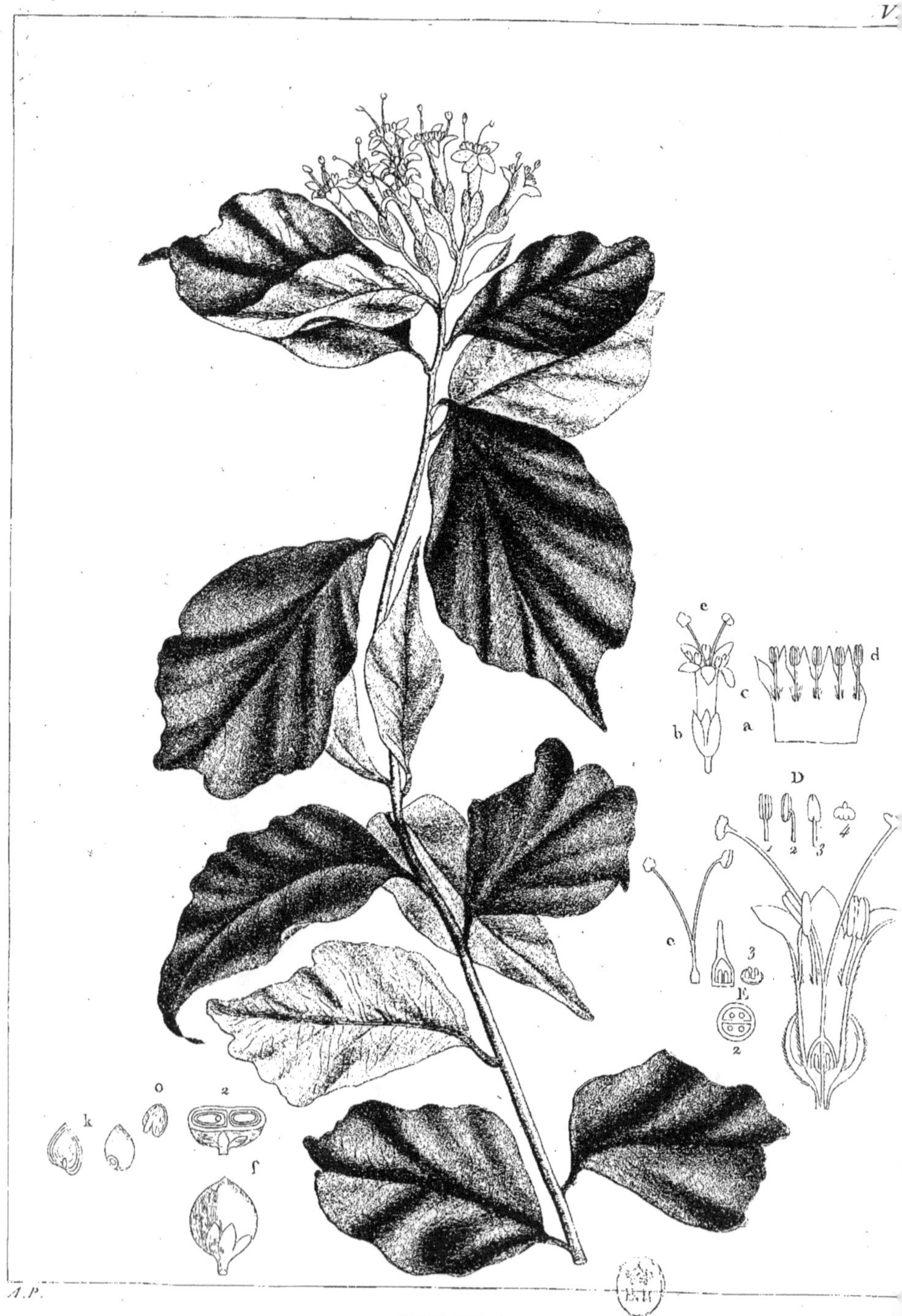

BONAMIA.

BONAMIA. Tab. V.

Flos completus, monopetalus, hypogynus, quinquefidus, isostemon; stamina medio corollæ exeuntia; ovarium biloculare, tetraspermum; stylus ultrà medium bipartitus; fructus capsularis, bilocularis; semina duo vel tria, fundo affixa; perispermum nullum; embryo replicatus; cotyledones foliaceæ.

* *Flos.*

CALIX. Profundè quinquefidus, pentaphylloides; foliola concava, imbricata, villosa.

COROLLA. Monopetala, hypogyna, campanulata; limbo quinquefido, patente.

STAMINA. Filamenta quinque, ex medio corollæ erumpentia, divisuris alterna, longitudine æqualia, basi pilosa; antheræ dorso affixæ, crassæ, introrsùm dehiscentes.

PISTILLUM. Ovarium oblongum, biloculare, tetraspermum; stylus unicus, ultrà medium bipartitus, staminibus longior; stigmata lobato-capitata.

** *Fructus.*

INDUVIÆ. Calix persistens.

PERICARPIUM. Capsula; loculi duo, dispermi vel abortu monospermi.

PLACENTATIO. Chorda pistillaris, centralis, dissepimentum efformans; funiculi quatuor, ex fundo calicis divergentes; semina recta, hilo lato, fundo affixa.

DEHISCENTIA.....

*** *Semen liberum.*

FORMA. Ovato-acuminata, hilo lato, basi notata.

INTEGUMENTUM. Arillus baccatus, testa coriacea.

PERISPERMUM. Nullum.

EMBRYO. Replicatus; radicula inferior; cotyledones foliaceæ, involutæ.

Frutex elegans, orgyalis; folia alterna, sparsa, undulata, nervis numerosis reticulata, juniora villosa; flores terminales, in paniculâ brevi glomerata.

Nomen à doctore *Bonami, Floræ Nannetensis Prodromi* auctore.

Ce caractère générique est pris d'un arbuste élégant de Madagascar : il ne s'élève guère qu'à cinq ou six pieds : ses rameaux sont foibles; ils sont cylindriques, velus dans leur jeunesse : les feuilles sont alternes, éparses, moins longues que leurs entre-nœuds; elles sont terminées, à la base, en un pétiole mince, canaliculé en dessus, ayant une demi-ligne de diamètre, et de longueur le cinquième ou sixième de la longueur totale : la lame est ovale, acuminée, ferme, lisse et glabre dans son parfait développement; sa surface et ses bords sont ondulés d'une manière remarquable; elles sont réunies entr'elles par une multitude de tertiaires très-délicates, qui ne sont pas rendues par la figure : les nervures latérales sont en petit nombre, cinq à six de chaque côté, formant un angle obtus sur la principale.

Les fleurs sont réunies au sommet des rameaux, en une panicule courte, assez garnie; elles sont d'une grandeur remarquable et de couleur blanche; elles sont composées d'un calice découpé en cinq folioles, embriquées, velues; d'une corolle monopétale, un peu évasée en campanule, longue de neuf à dix lignes; son limbe est ouvert et découpé en cinq lanières; les étamines sont en pareil nombre, sortent du milieu de la corolle, sont alternes avec ses découpures, et de même longueur; les anthères sont libres et attachées par le dos, elles s'ouvrent du côté intérieur : l'ovaire est supérieur; il est conique, terminé par un style, partagé profondément en deux; il est beaucoup plus long que la corolle : ses branches sont terminées par un stigmate capité, dont la surface est mamelonée.

Le fruit consiste en une capsule à deux loges, qui doivent contenir chacune deux graines, mais le plus souvent il en avorte une; ces graines sont ovales, acuminées, attachées au fond de la capsule par un *hilus* large; leur test est coriace, il est recouvert d'un arille charnu; elles ont quatre lignes de long, les deux tiers de large : l'embryon est sans périsperme, la radicule est inférieure; les cotylédons sont foliacés, plissés ensemble, et repliés vers le bas.

Je n'ai trouvé cet arbuste que dans un seul endroit voisin de Foulpointe : il étoit en fleur, en Juillet. Je n'ai pu découvrir le nom que les naturels du pays lui donnent, ni s'ils l'emploient à quelque usage; mais il est d'un port assez agréable pour servir à la décoration.

Je lui ai donné le nom de M. *Bonami*, qui, en 1783, a publié un *Prodromus* de la *Flore de Nantes;* il fait mention dans cet ouvrage de plusieurs plantes qui n'étoient pas encore indiquées en France. (*Voyez* p. 32.)

CALYPSO.

CALYPSO. Tab. VI.

FLOS *hermaphroditus, completus, pentapetalus, perigynus, meioste-mon, triander; discus staminifer et pistillifer; fructus baccatus, poly-spermus; semina perispermo donata.*

** Flos.*

CALIX. Minimus, quinquelobus, persistens.

COROLLA. Petala quinque, ungue lato calici inserta, et longiora.

Discus centralis, carnosus, promens stamina et pistillum.

STAMINA. Tria, disco inserta; filamenta basi lata, distincta, conniventia; antheræ apice adnatæ; lobi divergentes, extrorsùm dehiscentes.

PISTILLUM. Ovarium minimum, intrà stamina latens, subtrigonum, stylo brevi acuminatum, triloculare; loculi polyspermi; ovula unò ordine, centrò affixa.

*** Fructus.*

INDUVIÆ. Calix immutatus et discus depressus, persistentes.

PERICARPIUM. Bacca rotundata, acuminata, polysperma.

PLACENTATIO. Maturitate irregularis evadens; tunc semina videntur sparsa absque ordine, tracheis spiralibus intermixta.

DEHISCENTIA.....

**** Semen liberum.*

FORMA. Ovata.

INTEGUMENTUM. Testa coriacea.

PERISPERMUM. Semini conforme.

EMBRYO. Parvus, apicem occupans; cotyledonés planæ.

Frutex : rami virgati, erecti, teretes; folia opposita, nervosa, subdentata; flores parùm conspicui, axillares, umbellati.

Nomen à nymphâ *Calypsone*, ex verbo græco καλύπτω, *lateo;* quia pistillum intrà stamina latitat.

CE caractère générique est pris d'un arbuste de Madagascar, qui ne se fait remarquer extérieurement que par sa belle verdure : ses rameaux sont grêles, cylindriques, élancés, recouverts d'une écorce brune raboteuse ; ils sont garnis de feuilles opposées, plus longues que leurs entre-nœuds ; elles se terminent en un pétiole court, canaliculé en dessus, de cinq à six lignes de long : sa lame est ovale, rétrécie en pointe mousse au sommet ; ses bords sont légèrement ondulés par des dents peu marquées : la nervure principale est peu saillante, les latérales sont au nombre de dix ; elles forment un angle presque droit avec celle-ci ; elles se réunissent ensemble vers le bord : l'entre-deux est réticulé par un grand nombre de tertiaires très-irrégulières. Cette feuille a trois à quatre pouces de long, sur le tiers de large ; elle est d'un beau vert, et glabre, ainsi que toutes les autres parties.

Les fleurs sont axillaires, subombellées ; leur pédicule commun est un mamelon, qui supporte de six à douze pédicules particuliers, longs d'un pouce, d'une demi-ligne de diamètre. Les fleurs ont quatre lignes de diamètre ; elles sont composées d'un petit calice, et de cinq pétales ouverts en étoile, d'un blanc verdâtre : le centre est occupé par un disque hémisphérique, qui porte trois étamines connivens entr'eux, en sorte qu'ils recouvrent tellement le pistil qu'on seroit tenté de prendre le disque pour l'ovaire ; mais, après la défloraison, les étamines sont rejetées en dehors, et laissent à découvert le pistil ; elles restent long-temps desséchées à la base de l'ovaire pendant sa maturation, et attestent par là qu'elles n'ont aucune connexion avec lui. On distingue dans cet ovaire trois loges, contenant chacune un rang d'ovules attachés au centre ; mais, dans la maturation, il se fait beaucoup de dérangement dans leur ordre, car les graines paroissent éparses : elles sont cependant toutes horizontales (c'est-à-dire, leur plus grand diamètre est parallèle au plan de l'insertion du fruit) ; mais elles sont tellement entre-mêlées de trachées spirales, qu'il est difficile de pénétrer dans l'intérieur. Ce fruit m'a paru être une baie ; mais je ne l'ai pas vu dans sa parfaite maturité. Les graines ont un périsperme ; l'embryon est petit en comparaison.

Je n'ai pu découvrir ni le nom Malgache, ni les usages de cet arbrisseau : il fleurit en Juillet et Août. Je l'ai vu, en plusieurs endroits, autour de Foulpointe. (*Voy*. page 33.)

Fig.1.
Fig.2.
M. Rotundifolia.
MONIMIA.
M. Ovalifolia.
A.P.

(21)

M O N I M I A. Tab. V I I.

Flos diclinis, dioicus. Masculus; involucrum, primò connivens integrum, dein scissile, quadripartitum, numerosis staminibus intùs vestitum. Femineus; involucrum masculis analogum, apice pervium; pistilla quinque vel sex, styli exserti; drupæ totidem, in involucro ampliato et baccato; perispermum oleosum; embryo inversus; cotyledones planæ.

   * *Flos diclinis*, in distinctâ arbore.

   Flos stamineus. Racemi axillares.

Calix, Corolla, o. Involucrum globosum, primò connivens, dein scissile, quadri vel quinquepartitum, intùs numerosis staminibus vestitum.

Stamina. Numerosa, ex marginibus ad fundum successivè erumpentia, filamentum tenue; anthera terminalis, latere dehiscens.

   Flos pistillaris.

Calix, Corolla, o. Involucrum globosum apice pervium, pilis, rigidis internè vestitum.

Pistillum. Ovaria quinque vel sex libera, monosperma, in stylo laterali terminantia, stellatìm exserta.

   * * *Fructus.*

Induviæ. Involucrum ampliatum et baccatum, recondens semina abortu numero varia, et indè magnitudine et formâ varians.

Pericarpium. Partiale; drupa, pulpa carnosa, colorata, gigartina apice acuminata; nucleus osseus, solidus et rugosus.

Placentatio. Chorda pistillaris, lateralis; funiculus brevis ex apice; embryo inversus.

Dehiscentia. Involucrum maturitate laciniosum.

   * * * *Semen liberum.*

Forma. Ovato-acuminata.

Integumentum. Testa tenuis, colorata.

Perispermum. Semini conforme, oleosum.

Embryo. Inversus; cotyledones planæ.

   Frutices inconditi; folia opposita, integerrima, scabra, fragilia; pili stellatim dispositi in junioribus partibus, sed præcipuè in infernâ parte foliorum; flores in racemis axillaribus; squamæ bracteales caducæ.

   Genus proximum Amboræ, *Juss.*; Mithridatea, *Commerson*, cujus tantùm differt structurâ florum femineorum; indè nomen à *Monimâ*, uxore Mithridatis, desumptum.

Ce caractère générique est commun à deux arbustes singuliers, dont l'un habite les sommets de l'Isle-de-France, l'autre, ceux de Bourbon. Le premier est un arbuste diffus, s'élevant à une douzaine de pieds: les rameaux sont ramassés, recouverts d'une écorce brune; ils sont opposés, ainsi que les feuilles; celles-ci se terminent à la base, en un pétiole aplati en dessus, qui est le quart de la longueur totale : la lame a deux à trois pouces de long, les deux tiers à peu près de large; elle est acuminée au sommet, en pointe mousse; elle est d'une substance sèche, scabre et cassante, d'un vert bleuâtre, ayant des nervures latérales en petit nombre, trois ou quatre de chaque côté, sillonnées en dessus et se réunissant vers les bords; elle est couverte de poils roides et courts, disposés en étoile, qui disparoissent promptement en dessus, et ne laissent qu'un point blanc; mais le dessous en est drapé très - abondamment; ces poils se retrouvent sur toutes les parties, dans leur jeunesse.

Les fleurs sont unisexuelles, très - petites; elles sont disposées sur des grappes rameuses, axillaires, souvent sur les vestiges des anciennes feuilles; à la base de leurs rameaux, il y a des écailles bractéales, caduques. Les fleurs mâles consistent en un involucre globuleux, qui se fend en quatre lanières; toute sa surface intérieure est couverte de petites étamines couchées vers le centre, qui se relèvent, en s'épanouissant, de la circonférence au centre. Les femelles sont composées d'un involucre de même nature, qui n'est ouvert qu'au sommet; il est tapissé intérieurement de poils roides, et contient cinq ou six ovaires détachés, dont les styles viennent sortir en étoile au sommet. Ces fleurs ont à peine une ligne et demie de diamètre; elles sont d'une couleur orangée et d'une odeur douce et agréable.

L'involucre devient une espèce de baie charnue, qui varie de forme et de grosseur, suivant la quantité de graines qu'elle contient, plusieurs avortant. A maturité il se déchire, et laisse à découvert quatre ou cinq drupes partielles, recouvertes d'une pulpe charnue et colorée en orangé; elles sont d'une forme ovale acuminée : le noyau est strié irrégulièrement; il est d'une substance solide très- dure; il a trois à quatre lignes de long, sur les deux tiers de large; le pepin qu'il contient est de même forme; il est recouvert d'un tégument très-mince et brun; un périsperme charnu et huileux occupe tout l'intérieur : l'embryon est renversé, sa radicule occupant la pointe; les cotylédons sont oblongs et foliacés, blancs.

Cet arbuste ne se trouve guère qu'à deux cents toises au-dessus du niveau de la mer, à la montagne du Pouce surtout. (*Voy.* p. 34.)

CALPIDIA.

CALPIDIA. Tab. VIII.

FLOS *apetalus; calix petaloideus, campanulatus, quinquepartitus, diplostemon; stamina hypogyna, basi calicis inserta; ovarium monospermum. Fructus : calix elongatus, capsularis evadens, pentagonus; anguli visco induti; embryo rectus; cotyledones æquales, foliaceæ, typum carnosum involventes.*

* Flos.

CALIX. Campanulatus, basi globulosus, apice quinquefidus, laciniæ in æstivatione stellatìm conniventes; intùs coloratus, persistens.

COROLLA o.

STAMINA. Filamenta decem, basi calicis inserta; antheræ tenues, apice insertæ, bilobæ, latere dehiscentes.

PISTILLUM. Ovarium unicum, monospermum; stylus staminibus brevior; stigma villosum.

** Fructus.

INDUVIÆ. Calix capsularis evadens, ampliatus, prismaticus; pentagonus oblongus, apice coarctatus; anguli visco tenacissimo induti.

PERICARPIUM. Nullum, nisi calix.

PLACENTATIO. Semen rectum.

DEHISCENTIA. Nulla.

*** Semen liberum.

FORMA. Ovato-acuminata, vix dimidiam partem calicis occupans.

INTEGUMENTUM. Testa membranea.

PERISPERMUM. Typus carnosus, cotyledonibus involutus.

EMBRYO. Radicula infera, cylindrica; cotyledones foliaceæ, tenues, æquales, cordiformes, involventes perispermum.

Arbor incondita, trunco parùm elato, crasso; folia alterna, petiolata, acuminata, glabra; flores in umbellulis aggregati, terminantes ramos paniculæ.

Nomen κάλπις, *urna*, à formâ calicis recondentis semen.

(24)

Ce caractère générique est pris d'un arbre de l'Isle-de-France, remarquable par son port ; son tronc s'élève à peine à huit ou neuf pieds, et il en acquiert souvent trois ou quatre de diamètre ; il est composé d'une écorce épaisse et gercée, et d'un bois très-mou ; ses rameaux sont ramassés et forment une tête très-touffue. Les feuilles sont alternes et éparses, terminées en pétiole épais, charnu, plane en dessus, qui est environ le cinquième du total : la lame est oblongue, acuminée aux deux extrémités, glabre, d'une substance charnue et d'un vert foncé ; elle est longue de trois à quatre pouces, large du tiers au quart ; les nervures latérales sont en petit nombre, cinq à six de chaque côté, peu marquées, surtout en dessus ; elles forment un angle aigu avec la principale.

Les fleurs sont terminales et rassemblées en une panicule d'un genre particulier : son principal rameau est garni d'écailles caduques à la base ; épais, charnu, long de trois pouces, et porte des rameaux secondaires ouverts, qui vont, en se rapprochant, vers le sommet, au nombre de quatre ou cinq, dont chacun est accompagné d'une bractée : ils sont simples, ou portent un troisième rameau ; celui-ci a un pouce et demi de long et une ligne environ de diamètre ; ils sont tous terminés par une ombellule de fleurs très-ramassées, qui ont une odeur agréable et douce ; chacune est portée par un pédicule particulier, accompagné d'une écaille bractéale, et long d'une ou deux lignes. La fleur est composée d'un calice campanulé, ouvert en étoile au sommet, à cinq divisions ; il est coloré en rose, assez vif à l'intérieur, mais plus pâle à l'extérieur, en sorte qu'il a l'aspect d'une corolle ; il a quatre lignes environ de largeur à son expansion ; il contient dix filamens attachés à la base, et de même longueur que lui : les anthères sont formées d'un connectif, qui écarte un peu les lobes ; elles s'ouvrent par le côté, et sont attachées par le dos : l'ovaire occupe le fond ; il est monosperme, et terminé par un style plus court que les étamines, et un stigmate à deux lobes. Le fruit est formé par le calice, qui s'alonge et devient un prisme à cinq angles, fermé au sommet ; il acquiert environ deux pouces de long, sur trois à quatre lignes de diamètre ; ses arrêtes sont arrondies et enduites d'une espèce de glu visqueuse, au point qu'on assure que de petits oiseaux se prennent dessus. La graine ne remplit que la moitié inférieure ; le reste est vide ; elle est ovale, oblongue, acuminée au sommet, longue de neuf lignes ; elle est recouverte d'un test membraneux blanchâtre. L'embryon est droit ; ses cotylédons sont foliacés et cordiformes, ils enveloppent un corps ou type charnu.

OBSERVATIONS

OBSERVATIONS

SUR

LES GENRES PRÉCÉDENS.

En donnant des noms nouveaux aux plantes que je viens de figurer et de décrire, je les ai présentées comme formant des genres nouveaux : ce sont donc, comme je l'ai dit, des pierres taillées qui doivent entrer dans l'édifice général ; mais je dois, pour me servir des termes d'architecture, indiquer leur *intrados* et leur *extrados*, c'est-à-dire, déterminer leur place dans les méthodes ou systèmes. On sait qu'en général on les distingue en deux sortes, artificielles, ou naturelle. Les premières sont fondées seulement sur la considération de deux ou de trois caractères. Si l'on se borne, comme Linné, à ceux qui sont tirés de la fructification, et que l'on compare ces caractères aux vingt-quatre lettres de l'alphabet, on jugera facilement que leurs combinaisons, deux à deux, trois à trois, sont en nombre infini, et que par conséquent les méthodes dont elles sont la base sont également inépuisables. Il n'en est pas de même de la méthode naturelle : appuyée sur tout l'ensemble des plantes, elle ne rejette aucun caractère, et doit par conséquent être unique. Il faut donc pour les premières se borner aux plus usitées. D'ailleurs, si le caractère naturel est bien fait, il doit suffire pour indiquer toutes les manières de classer l'objet qu'il désigne, et le caractère essentiel, qui en est le résumé, doit l'indiquer encore plus clairement : on pourroit de là le nommer assez convenablement caractère classificateur. Ceux que j'ai présentés paroîtront peut-être plus étendus qu'il ne convient à leur nature ; mais ils se réduiroient beaucoup s'ils étoient enchâssés dans une méthode, par la suppression des caractères qui en sont la base : c'est ainsi qu'une grande partie des détails sur les étamines et pistils se trouvent compris par l'énoncé de la classification Linnéenne ; ils se réduisent encore beaucoup dans plusieurs classes par les moyens subsidiaires dont l'auteur s'est servi pour les subdiviser.

3

On voit par là combien il est facile de ramener les nouveaux genres à la place qu'ils doivent occuper dans les systèmes; l'énoncé de la classe et de l'ordre auxquels ils appartiennent, suffisent. Dans beaucoup de cas, la méthode naturelle n'exige pas davantage que le nom de la famille et des genres entre lesquels ils doivent s'intercaler, ce qui est facile à indiquer dans beaucoup de séries; mais dans quelques unes, où le nœud qui les réunit est beaucoup moins évident, on ne peut trouver leur place qu'avec plus de difficultés : d'autres fois il arrive que la découverte d'un nouveau genre, présentant de nouvelles vues, influe sur les anciens, et, éclaircissant des doutes, en entraîne ailleurs. De là il suit nécessairement des discussions plus ou moins longues : si elles eussent suivi chaque genre, elles eussent rompu l'espèce d'uniformité à laquelle je voulois soumettre leur description.

Pour obvier à cet inconvénient et donner une idée de mon travail, je publierai incessamment le Prodrome des genres nouveaux établis à Madagascar, et que j'avois envoyés à M. de Jussieu, en 1796; il présentera la place que je présume que chacun doit occuper. Comme ils reparoîtront successivement dans cet ouvrage, je les donnerai tels que je les avois esquissés, privé de conseils et de livres; je ne corrigerai que les erreurs que j'aurai pu éviter par moi-même, avec un peu d'attention. L'on jugera par là ce que peut faire la communication des lumières.

Les genres que je viens de décrire ne sont liés entre eux ni dans l'ordre naturel ni dans l'artificiel : il n'en est pas de même de ceux qui vont suivre; ils sont tous de la Monadelphie de Linné. Il y a un groupe de quatre genres qui paroît naturel ; mais les autres appartiennent à différentes familles.

DIDYMÈLES.

CE genre ne présente aucune difficulté pour sa classification artificielle. Il est certain que si Tournefort l'eût connu, il l'eût placé parmi les arbres, dans la sixième section des Amentacées, dix-neuvième classe de sa méthode, à côté du *Populus* et du *Salix*. Dans le système sexuel de Linné, il vient encore se placer à côté de ce même *Salix*, dans la Diœcie diandrie. La rencontre de ces deux chemins, partis de deux points si éloignés, pourroit faire présumer que ce seroit aussi sa vraie place dans la série naturelle, et qu'il doit faire partie de la famille des Amentacées de Jussieu. Si l'on trouve quelques différences dans le port, on est tenté de l'attribuer au climat : le plus grand nombre des arbres de ce groupe appartient aux pays tempérés, où il forme la masse principale de leurs forêts ; il ne seroit pas étonnant qu'ils éprouvassent quelque altération, en s'étendant sous un autre ciel. Mais en comparant attentivement le *Didymèles* avec tous les genres qui forment cette série, on ne peut en trouver avec lequel il ait quelque rapport. La famille des Orties, qui paroît dans plusieurs points se confondre avec celle-ci, ne réclamera pas davantage ce nouveau genre. Il y a encore une autre famille, écartée par sa position de celles-ci, qui présente pourtant quelques points de rapprochement, c'est celle des Térébintacées : quand on considère la perfection des fleurs de quelques-uns des genres qui la composent, et l'incomplet des autres, on est porté à admettre les deux ordres formés par M. de Lamarck, des Balsamiers et des Pistaciers. C'est dans ces derniers qu'il se trouve des apparences de contact ; le Noyer *Juglans* entr'autres a, dans sa fructification, tout l'aspect des Amentacées. D'un autre côté, il paroît avoir des rapports plus directs avec le *Didymèles,* principalement par la forme extérieure du péricarpe et la position de la graine : mais, en détaillant les autres parties, on trouvera une bien plus grande masse de différences ; en sorte que, jusqu'à présent, je ne connois point la place que doit occuper ce genre dans la série naturelle.

On ne doit pas être surpris de voir ainsi isolé cet arbre qui étoit resté inconnu jusqu'à ce moment, puisqu'il y a d'autres végétaux que les botanistes ont continuellement sous les yeux, dont ils n'ont pas pu encore indiquer avec précision la place : ce Noyer, dont il vient d'être ici question, est à peu près dans ce cas.

M. Adanson, dans ses familles, l'avoit placé dans les Elæagnées : M. de Jussieu, comme nous l'avons dit, l'a bien rapporté aux Térébintacées ; mais ce n'est qu'avec doute, et seulement comme présentant quelqu'affinité ; il y est relégué dans une section avec l'*Averhoa* et le *Dodonœa,* qui ne présentent entre eux aucune connexion.

Le Ravinsara *Agathophyllum* pourroit offrir quelque analogie par la manière dont son embryon est lobé, et par sa position ; il seroit encore difficile d'aller plus loin et de trouver d'autres points de réunion. Ce dernier genre avoit été placé dans les incertaines ; mais son examen plus approfondi paroît démontrer qu'il doit venir se ranger à côté du Laurier, dont il ne diffère même génériquement que par de légers caractères. En lui voyant occuper cette place, on croit voir un nouveau chaînon qui vient rattacher plus fortement le Muscadier, rapproché de cette famille avec doute : le port et la suavité de leurs parfums semblent confirmer ce rapprochement; mais la fabrique intérieure de la graine le détruit totalement. Pour indiquer la place que je crois que le Muscadier doit occuper, il me faudroit entrer dans une discussion qui paroîtra plus convenablement dans une autre occasion; mais il n'y entraînera point avec lui le *Hernandia*, qu'une conformité encore apparente dans la fabrique intérieure de la graine avoit fait placer à côté de lui : c'est dans l'une et dans l'autre une masse solide, sillonnée, et partagée par des membranes particulières; mais dans le Muscadier, cette masse est un périsperme, à la base duquel se trouve un embryon, petit en comparaison, au lieu que dans l'Hernandier elle y est formée par les cotylédons eux-mêmes, réunis en un seul corps, et dont la radicule pointe en haut.

Cette conformation si singulière m'a fait entrevoir les affinités de l'un et de l'autre; elles ont été confirmées par d'autres considérations. Je vais me borner dans ce moment à indiquer celles de l'Hernandier; c'est avec ce même Noyer que je lui en trouve : que l'on suppose les cloisons de la noix adhérentes aux lobes de la graine, et les anfractuosités de la superficie comblées par la même substance, on aura une idée de la graine d'Hernandier. L'examen de la fleur présentera d'autres rapprochémens : que l'on suppose encore le calice urcéolaire et inférieur de la fleur femelle de l'Hernandier adhérent à l'ovaire, on aura celle du Noyer et celle de ses deux calices si singuliers. Par ces deux observations je suis donc porté à croire que ces deux genres ont plus d'affinité entre eux qu'avec aucun autre.

Fernand de Norona, botaniste espagnol, mort en 1787 à l'Isle-de-France des suites d'un voyage à Madagascar, dans un Prodrome manuscrit de ses travaux botaniques dans cette île, nomme cet arbre *Anthæa excelsa*, et le place dans les Euphorbes, qu'il nomme *Ricinacées* : suivant lui, les habitans le nomment *fangan-babé*. Pour donner une idée des travaux de ce savant, je publierai par la suite ce Prodrome, qui ne consiste que dans la nomenclature générique et triviale, avec les noms molgaches. C'est le seul monument que j'aie pu recueillir de ses écrits; il fera vivement regretter la perte des autres.

PTELIDIUM.

Ce nom, que j'ai donné à ce genre à cause de la ressemblance que je lui ai trouvée avec celui du *Ptelea* de Linné, semble me laisser peu de chose à dire pour sa classification : effectivement, dans le système sexuel, il viendra se placer à côté de lui dans la Tétrandrie; et même ceux qui n'ont pas approfondi les rappports naturels seront tentés de les confondre dans le même genre. Mais il y a des considérations qu'on n'est point accoutumé à compter et qu'on range au nombre des minuties, qui sont cependant très-importantes : voici donc trois points majeurs, suivant moi, de différence entre ces deux genres.

PTELEA.	PTELIDIUM.

1.° *Insertion des Étamines.*

Simplement à la base de l'ovaire.	Sur un disque particulier.

2.° *Forme des Anthères.*

Dans un connectif s'ouvrant latéralement.	Adnées au filament, s'ouvrant en dehors.

3.° *Position des Graines.*

Renversées, la radicule placée en haut.	Redressées, la radicule en bas.

En outre les feuilles sont :

Alternes et trifoliées.	Opposées et simples.

Je le répète : ces caractères, qui trouvent à peine leur place dans les formules de genre, sont d'une telle importance qu'elles décident la place du *Ptelidium*, tandis que celle du *Ptelea* est encore bien incertaine. Ce n'est qu'avec doute que M. de Jussieu l'a rapporté aux Térébintacées, au lieu qu'il paroît évident que le *Ptelidium* fait partie de la famille des Rhamnoïdes, et vient se ranger dans la seconde section, à côté du *Rubentia* de Jussieu, ou *Elæodendrum* de Jacquin. Que l'on suppose le drupe de ce genre comprimé, on aura la capsule du *Ptelidium*. Une autre considération qui paroîtra encore bien futile, c'est la couleur de l'embryon : enveloppé du périsperme et des autres tégumens, il est déjà d'un vert très-foncé *. Gœrtner en a remarqué plusieurs, dans son traité des fruits, qui ont cette couleur et qui sont assez disséminés; mais il y a des familles où ce phénomène est plus commun. Les Rhamnoïdes sont dans ce cas.

On me fera peut-être quelques objections sur le nom que j'ai adopté : il paroît compris dans la proscription prononcée par Linné dans les paragraphes 216 et 217 de son *Philosophia Botanica*, étant une altération du mot *Ptelea*; mais comme j'attache très-peu d'importance aux noms, si l'on me chicanoit là-dessus, je le changerois volontiers en *Pteridium*, venant de *Pteris*, aile. Quant au *Ptelea*, j'avoue que, dans ma manière de voir, si j'avois à parler ou à faire la description d'une nouvelle espèce de ce genre, je la nommerois, avec M. Adanson, *Bellucia*, parce que le mot de *Ptelea*, si souvent employé par Théophraste, désigne l'Orme, et ne peut convenir à un arbre d'Amérique qu'il n'a jamais connu.

HECATEA.

Ce genre est bien évidemment de la Monœcie de Linné. Mais est-il aussi aisé de déterminer l'ordre auquel il appartient? Sera-t-il de la Monadelphie avec l'*Hippomane* et le *Sapium*, ou de la Gynandrie avec l'*Agyneia*? En tous cas, ces deux places s'accordent avec la classification naturelle qui le met dans la famille des Euphorbes, et son style unique le fait rapporter à la seconde section de cette famille, précisément à côté de ce même *Hippomane*, duquel il paroît déjà se rapprocher par ses qualités dangereuses, que fait soupçonner son port. En l'examinant avec plus de soin, on trouve un autre genre dont il se rapproche encore davantage : c'est celui de l'*Omphalea*, et même à un tel point que M. Richard, qui en a observé plusieurs espèces vivantes, regarde mes plantes comme absolument congénères. La figure qu'a publiée M. Swartz, dans sa *Flora Occidentalis*, et la réforme qu'il a faite du caractère de ce genre, le font assez présumer; mais cependant, comme il y a encore des différences assez notables, je laisse à d'autres observateurs la tâche d'assurer l'existence ou la radiation de ce genre. J'avoue que je penche beaucoup pour le premier, parce que,

---

* Cette couleur verte et de végétation, pour ainsi dire, que présente dans beaucoup de plantes l'embryon au milieu de ses tégumens, mérite l'attention des physiologistes et pourra conduire à quelques découvertes importantes. Jusqu'à présent on regarde avec fondement la lumière et l'air, ou les gaz qui le composent, comme les grands agens de la colorisation ; mais ici quelle influence peuvent-ils y avoir ?

par l'examen rapide que j'ai fait des *Omphalea* d'Amérique en herbier, j'ai trouvé beaucoup de différences dans les caractères extérieurs. Leurs feuilles sont réticulées en dessous par des nervures saillantes et tomenteusse; elles ont bien aussi deux glandes, mais qui sont situées très-différemment, étant sur le pétiole même, à la naissance de la lame et sur le côté supérieur, au lieu que dans l'*Hécatea* elles sont sur la lame.

Elles ont aussi une forme qui leur est particulière; elles sont renflées et enfoncées dans leur centre, et ressemblent exactement en petit à un bouton de vaccine.

L'*Omphalea* ne passe pas pour une plante dangereuse, et même l'on en mange le périsperme de la graine. Il est vrai que c'est en ôtant l'embryon, comme pour le *Jatropha Curcas*; et je n'eusse pas osé le faire pour l'*Hécatea*, si j'eusse trouvé sa graine mûre.

Il y a encore une autre chance pour que le nom que j'ai donné subsisté: ce seroit si, comme le soupçonne M. de Jussieu, l'*Omphalea* d'Aublet formait un genre particulier. Je publierai par la suite la figure et la description de la seconde espèce.

DICORYPHE.

Ce genre est un des plus singuliers de ceux que je présente ici. Je l'ai cru très-long-temps isolé: ce n'est que le hasard qui m'en a fait rencontrer un qui a les plus grands rapports avec lui; mais ils sont tellement masqués qu'il faut beaucoup d'attention pour les reconnoître. Ce genre est l'*Hamamelis*. En suivant la description du *Genera* de M. de Jussieu, on reconnoît la même structure, surtout dans l'arille ou coque qui renferme les graines; il a aussi les quatre filamens stériles entre les fertiles : mais il en diffère principalement par le calice, qui est profondément divisé en quatre lanières; par la situation de l'ovaire, qui n'est que légèrement adhérent au fond du calice, et surtout par la fabrique des étamines : elles sont très-singulières dans ce genre, les deux loges étant creusées dans la substance même du filament, et fermées chacune par une valve qui s'ouvre en dehors. Cette structure se retrouve dans les Lauriers et les Berbéridées; et c'est cette seule considération qui avoit engagé M. de Jussieu de rapporter ce genre à la suite de cette dernière famille : mais sa grande affinité avec ce nouveau genre démontre évidemment que cette place ne lui convient nullement, et qu'il faut en chercher une autre pour tous les deux; ils appartiennent

même à une autre classe, celle des Polypétales périgynes. En considérant les deux styles du *Dycoryphe* et les graines inférieures, j'avois eu
quelqu'idée de le rapprocher des Ombellifères et des Aralies ; mais tant
d'autres choses s'y opposent que j'avois cherché d'un autre côté : la fabrique
des graines et leur périsperme corné pourroient faire penser aux Nerpruns,
et le fruit d'un arbuste de Madagascar , rapporté à l'*Ilex* par M. de Jussieu, a beaucoup de ressemblance extérieure avec celui de notre genre ;
mais je crois qu'il seroit difficile d'aller plus loin et de trouver d'autres points
de réunion : en sorte que, jusqu'à présent, je ne connois pas la véritable
place de ces deux genres dans l'ordre naturel ; mais ils restent tous les deux
ensemble dans la Tétrandrie digynie. L'*Hamamelis* est quelquefois trigyne.

Je ferai ici la même observation sur le nom d'*Hamamelis* que sur celui
de *Ptelea*. Athénée s'en sert, ou de celui d'*Homomelis*, pour désigner
un fruit de la Grèce qui étoit bon à manger , et qui paroît être celui
d'un Alisier : il ne peut s'appliquer par conséquent à un arbuste de
l'Amérique Septentrionale dont le fruit n'est pas *édule*. Il n'y a pas de
raison pour faire rejeter celui de *Trilopus* donné par Mitcheli en formant ce genre.

BONAMIA.

Ce genre va se perdre dans la foule de la Pentandrie monogynie ; mais
en s'aidant des subdivisions auxiliaires dont s'est servi Linné pour la par-
tager , on reconnoîtra facilement qu'il vient se placer dans la section qui
comprend les plantes à fleurs monopétales inférieures et angiospermes, qui
sont encore très-nombreuses : en les parcourant, on sera arrêté par un groupe
qui comprend, entr'autres, le *Cordia* et l'*Ehretia*, et qui offre quelques
points de ressemblance. Ils m'avoient frappé dans mon premier aperçu,
en sorte que j'avois rapporté le *Bonamia* aux Sebestiers, famille que M. Lamarck a cru devoir séparer de celle des Borraginées , dont elle diffère
par ses graines renfermées dans une baie ou capsule ; mais après un examen
plus réfléchi, j'ai cru lui voir plus d'affinité avec les Convolvulacées, par
la forme de son calice divisé en cinq folioles, et par la position et la
forme de l'embryon, qui est replié.

D'un autre côté, quoique le *Cordia* ou Sebestier donne son nom à la
famille séparée des Borraginées, je doute fort qu'il puisse rester à côté des
genres qui la composent : la fabrique de son fruit, et surtout la manière dont
sont plissés ses cotylédons foliacés, l'écarte du plus grand nombre, tandis

que

que le *Tournefortia*, surtout le *Tournef. Argentea*, le veloutier de l'Isle-de-France, malgré ses graines renfermées dans un péricarpe, ne peut être séparé des vraies Borraginées, dont il a entièrement le port; et la première fois que je le vis, je fus convaincu de son affinité par des témoins irrécusables: en l'approchant, je vis s'élever de toutes ses parties une nuée de phalènes dont les larves dévoroient les feuilles; c'étoit absolument la même qui se nourrissoit à côté, en égale quantité, sur l'*Heliotropium indicum*.

CALYPSO.

Cet arbuste présente un caractère si singulier qu'il se distingue facilement, une corolle de cinq pétales et trois étamines; tandis que, dans le plus grand nombre des plantes, ces parties sont dans un rapport symétrique. A son premier aspect, je le rapportai à un genre de Linné. Je ne doutai point que je n'eusse mis la main sur le *Salacia*; mais en l'examinant plus attentivement je m'aperçus que le renflement charnu que je prenois pour un ovaire, n'étoit qu'un disque staminifère: malgré cela, en considérant combien l'ovaire étoit petit en comparaison, je ne trouvai pas invraisemblable, qu'en voyant la plante sèche, Linné se fût trompé.

Ce ne pouvoit cependant être l'espèce de cet auteur; car on lui donne des feuilles alternes, et celle-ci en a d'opposées. Loureiro en décrit une autre, sous le nom de *Salacia cochinchinensis*, qui les a opposées pareillement; si cette plante est la même que la mienne, ou du moins du même genre, il est étonnant que cet exact observateur n'ait pas découvert la véritable structure de ses fleurs.

En tout cas, il est certain que la plante que je nomme *Calypso* n'appartient point à la Gynandrie; mais il lui reste encore la singularité de trois étamines opposées à cinq pétales: on la retrouve dans deux autres genres, l'*Hippocratea* et le *Tontelea* d'Aublet. En comparant le *Calypso* avec ces deux genres dans les herbiers, ils paroissent effectivement très-rapprochés; mais la structure du fruit de l'*Hippocratea*, tel qu'il est décrit par M. de Jussieu, et figuré par Roxburgh dans une espèce de la côte de Coromandel (V. Pl. cor. tab. 130), ne peut s'accorder. Quant au *Tontelea*, M. Richard, qui en le découvrant dans la Guyane le rapporta aussi au *Salacia*, lui a trouvé les étamines monadelphiques, ce qui n'est point dans le *Calypso*. Au surplus, le rapport de ces plantes est si marqué que M. Lamarck, trouvant le *Calypso* dans les herbiers de Commerson, l'a nommé *Hippocratea ma-*

5

dagascarica dans ses *Illustrationes generum*. Ce genre est rapporté par M. de Jussieu, avec doute cependant, à la famille des Érables, qui n'est composée que du genre même *Acer* et de celui de l'*Hippocastanum*. La fabrique du fruit et des graines est assez ressemblante ; mais ce n'est pas le cas de mon genre, et je lui trouve les plus grands rapports avec le *Ptelidium*, décrit précédemment, par son disque staminifère et la forme des authères, qui s'ouvrent en dehors dans les deux. D'un autre côté, le *Calypso* s'écarte des Rhamnoïdes par la quantité de graines qui se trouvent dans chaque loge, n'y en ayant jamais qu'une ou deux dans ceux qui appartiennent à cette famille.

Le fruit de l'*Hippocratea* est composé, suivant Jussieu et Roxburgh, de trois capsules contenant un petit nombre de graines, munies d'une aile, par laquelle elles sont attachées au fond de la capsule. Celui du *Tontelea* est, suivant Aublet, une baie contenant quatre graines ; et, suivant Loureiro, le *Salacia* porte une baie bonne à manger, uniloculaire et trisperme. Mais aucun de ces auteurs ne donne de détails sur la fabrique intérieure de leurs graines. Ce ne seroit pourtant que par leur moyen que l'on pourroit déterminer le degré d'affinité qu'ils ont entre eux, et si le *Calypso* doit se réunir à l'un d'eux ; jusque-là il doit persister : mais si c'est avec le *Salacia* qu'il doit se confondre, ce nouveau nom seroit préférable à l'ancien ; car cette réunion ne pouvant se faire qu'en démontrant que c'étoit par erreur que Linné avoit rapporté son genre à la Gynandrie, il s'ensuivroit que ce nom, qui devoit son origine à cette supposition, et par là même très-indécent, ne pourroit plus subsister.

Il y a encore deux genres remarquables par le nombre de trois étamines en contraste avec les pétales ou les divisions de la corolle ; l'un est l'*Olax* de Linné, et l'autre le *Fissilia* de Commerson et Jussieu. Deux arbres que j'ai observés à Madagascar, et qui paroîtront à leur tour dans cet ouvrage, m'ont fait découvrir le rapport qui existe entre les deux, et que les quatre sont à peine distingués entre eux comme genre. Ils doivent suivre l'*Olax* dans les Sapotillers, ou plutôt venir à côté de l'*Ardisia* ou *Badula* de Jussieu, dans la nouvelle famille des Ophiospermes établie par Ventenat.

MONIMIA.

VOILA encore un genre dont je parois avoir indiqué les rapports, en disant qu'il ressembloit à l'*Ambora* de Jussieu ou *Mithridatea* de Commerson : effectivement, ces deux genres ne peuvent se séparer. Mais doivent-ils rester dans les Orties à côté des Figuiers? Je ne le crois pas, quoique leur fruit paroisse de même nature que le réceptacle de la figue, et semble être un échelon qui le réunit à celui du Dorstenia. Ces deux genres se distinguent des figuiers et autres arbres voisins par leurs tiges non lactescentes, par le manque de stipules ; les feuilles opposées et surtout par le périsperme de leur graine. M. de Jussieu a fait sentir la nécessité d'établir une famille voisine de celle-ci, qui comprendroit entr'autres les Poivriers : je doute encore que les *Amboras* puissent y entrer ; ensorte que jusqu'à présent je ne connois pas leur véritable place.

D'après ce que j'ai dit sur la grande ressemblance des fleurs mâles des deux genres, il n'est pas étonnant que M. Bory de Saint-Vincent, qui n'avoit trouvé dans les hauts de Bourbon que l'individu mâle du *Monimia rotundifolia*, l'ait décrit et figuré dans son voyage intéressant, sous le nom d'*Ambora* : mais le nom de *tomentosa* ne peut lui convenir. Il indique bien la blancheur de certaines plantes, mais c'est quand elle est produite par des poils doux et cotoneux ; au lieu que ces deux arbustes doivent la leur à des soies disposées en étoiles qui les rendent scabres. Pendant long-temps j'ai été dans le cas opposé pour l'espèce de l'Isle-de-France, n'ayant rencontré que l'individu femelle ; sur la montagne du Pouce, entre autres, où il est très-commun, je n'ai jamais pu découvrir une fleur mâle : ce n'a été que du côté du grand bassin que je l'ai trouvée, et en état de dessiccation.

Les *Carbonarias* ou Audjuri, décrits et figurés par Rumpf dans son *Herbarium Amboinense*, tom. 3, tab. 29, paroissent être des espèces de ce genre.

Le *Monimia rotundifolia* ne croît à Bourbon qu'à 5 ou 600 toises au-dessus du niveau de la mer ; il se trouve abondamment le long du chemin de la plaine des Palmistes. Les chasseurs créoles avec qui j'ai parcouru cette route me l'ont nommé tantôt d'une façon, tantôt d'une autre : les uns, Ambaville à grosses feuilles ; les autres, Mapoux. Ce sont des dénominations qui s'appliquent, suivant les îles et même les quartiers, à des plantes différentes. Je vais faire voir un exemple remarquable de la seconde dans l'article suivant.

CALPIDIA.

La place de cet arbre singulier est facile à déterminer ; c'est dans les Nyctaginées qu'il doit venir, à côté du *Pisonia*. Il n'en diffère pas même par

des caractères très-saillans, quoiqu'ils soient la base de la classification linnéenne ; voici ceux qui établissent leur différence :

C A L P I D I A.	P I S O N I A.
Fleurs hermaphrodites.	Fleurs polygamiques.
Dix étamines.	Six à sept étamines.
Pores à peine visibles, le long des arêtes.	Poils capités visqueux, le long des arêtes.
Lobes de l'embryon égaux.	Lobes inégaux.

Je ne parle pas de la différence énorme de leur port ; car Swartz a trouvé
en Amérique un *Pisonia* arborescent qui paroît ressembler, de ce côté, au *Calpidia*. On leur donne même, dans les deux pays, le même nom, celui de
Mapou. Ce nom est collectif dans nos différentes colonies, où il sert à
désigner en général des arbres dont le bois est trop mou pour être employé :
il vient, suivant M. Correa, du Portugais *mao* et *pao*, mauvais bois ; il
pourroit tenir à celui de Mabaut, ou Mahot, qui se prend dans la même
acception, qui seroit composé de la première syllabe de *ma* et de *hout*,
bois en Hollandois, différemment prononcé dans les langues du Nord. Ce
qui rend vraisemblable cette origine, c'est que ce mot s'est introduit par
Caïenne ; ses premiers colons l'auront emprunté de leurs voisins de Surinam.

Il partage cette dénomination avec un autre arbre, encore plus gros et
plus informe que lui, qui est aussi très-voisin du *Pisonia*. On les distingue
l'un et l'autre par le surnom *des hauts*, du Mapou par excellence, ou *des
bas*. C'est encore un arbre très-singulier ; il vient se ranger près du *Cissus*,
ou plutôt *Sœlanthus*, de Forskål. Je les ferai connoître tous les deux par la
suite. Aucun de ces trois arbres ne se trouve sur l'île de Bourbon. On peut
remarquer à ce sujet, que chacune de nos colonies africaines a environ deux
cents plantes qui lui sont particulières et six cents communes aux deux.

J'avois rencontré plusieurs fois le *Calpidia* dans les hauts des plaines de
Willhem ; mais ce n'a été que peu de jours avant mon départ que je l'ai
trouvé en fleurs et en fruits, en sorte que c'est par lui que j'ai terminé
mes travaux sur l'intéressante Flore des îles africaines.

Hic meta laborum.

SARCOLÆNA Multiflora

SARCOLÆNA. Tab. IX et X.

Flos. *Completus , involucratus , cum calice triphyllo pentapetalus , polystemon , monadelphus, hypogynus, monogynus : fructus exterior, ex involucro baccato et ampliato; interior , capsularis trilocularis; loculi dispermi : semina inversa; embryo foliaceus, viridis, in perispermo corneo.*

    * *Flos.*

Involucrum. Carnosum , uniflorum , persistens.

Calix. Foliola tria , concava , membranacea.

Corolla. Petala quinque , campanulata , expansa ; urceolus crenatus, basi intus staminifer.

Stamina. Filamenta numerosa; antheræ dorso insertæ, quadrangulares, latere dehiscentes.

Pistillum. Ovarium triloculare, loculi dispermi; stylus oblongus; stigma capitatum , trilobum.

    * * *Fructus.*

Induviæ. Involucrum ampliatum , maturitate baccatum evadens , interne pilis rigidis , prurientibus vestitum. Calix et basis corollæ intus persistentes.

Pericarpium. Capsula triloba , acuminata ; valvæ tres, medio septiferæ; loculi dispermi vel abortu monospermi.

Placentatio. Chorda pistillaris centralis ; funiculi partiales ex apice breves ; semina inversa.

Dehiscentia. Nulla , nisi post putrefactionem involucri.

    * * * *Semen liberum.*

Forma. Ovata , apice acuminata , rugosa subcompressa.

Integumentum. Coriaceum.

Perispermum. Carnosum.

Embryo. Inversus , longitudine perispermi, viridis ; cotyledones cordatæ foliaceæ , tenues , undulato-plicatæ ; radicula cylindrica , oblonga.

Arbores staturâ mediocri , elegantes; rami dichotomi ; stipula conica, caduca , involvens folium contortu - plicatum ; folia alterna petiolata , integerrima ; pili scabri , ferruginei , præcipue in junioribus partibus ; pedunculi multoties dichotomi , bracteis caducis involuti , inde quasi articulati ; flores spectabiles paniculati.

Nomen : Σαρξ σαρκος ; caro , carnosus : χλαινα ; latine , *læna*, tunica exterior.

Ce caractère générique singulier convient à deux arbres de Madagascar, dont j'ai figuré les rameaux et les détails aux numéros XI et XII. Ils ne sont pas moins remarquables par leur port que par les parties de la fructification : pour en prendre une idée complète , il faut suivre le développement des bourgeons , qui sont représentés au numéro XII. Ils sont renfermés dans une stipule monophyle conique , qui, lors de l'épanouissment , se détache circulairement à la base, et se fend en long ; elle est analogue à celle des figuiers et des Magnoliers. Par sa chute elle laisse à découvert une feuille pliée artistement, et un ou deux jeunes rameaux portant chacun un bourgeon semblable à celui qui le contenoit. La feuille est d'abord pliée en deux sur la nervure principale ; vers le tiers, à partir de cette nervure , elle se replie des deux côtés ; en dehors , un troisième pli ramène les bords en dessus ; enfin, par un quatrième, les côtés se rabattent l'un sur l'autre, le supérieur enveloppant l'autre.

De là il suit que les rameaux sont alternes , dichotomes , marqués dans leur jeunesse d'un cercle provenant de l'impression de la stipule, ce qui les fait paroître articulés. Les feuilles sont alternes, un peu écartées ; leur pétiole est applati en dessus, marqué de deux arêtes : sa lame est ovale, très-entière ; elle paroît, au premier coup d'œil, marquée par des nervures latérales , longitudinales , à la manière des Mélastomes : mais avec un peu d'attention on voit que ce sont les vestiges des plis qui existoient dans le bourgeon , et que les véritables nervures , qui sont moins apparentes, partent alternativement de la principale, faisant avec elle un angle ouvert, et vont se réunir vers le bord , en disparoissant presque tout-à-fait. Les fleurs sont terminales, de grandeur remarquable : elles sont portées sur des pédoncules, qui se divisent et se subdivisent dichotomément, plus ou moins ; en sorte qu'elles sont en petit nombre dans la première espèce, et en panicule très-garnie , dans l'autre : toutes les ramifications sont munies de bractées caduques , qui y laissent leurs vestiges ; ce qui les fait paroître articulées.

Toutes les parties sont couvertes dans leur jeunesse d'un duvet écailleux ferrugineux , qui disparoît dans quelques-unes, mais qui persiste dans d'autres.

Les fleurs sont composées d'un involucre singulier, uniflore, charnu, qu'au premier aperçu on prend pour l'ovaire, d'autant mieux que par la maturation il se change en une espèce de baie charnue ; mais par sa dissection on découvre qu'il enveloppe étroitement une fleur complette polypétale : elle est composée d'un calice de trois folioles concaves membraneuses ; d'une corolle de cinq pétales élargis au sommet et se recouvrant latéralement ; d'un urcéole cylindrique, crénelé au bord : les étamines partent de sa base ; elles sont en grand nombre et contournées avant leur épanouissement ; leurs filamens sont très-menus : l'anthère est distincte et attachée par son dos ; l'ovaire est conique, velu, terminé par un style cylindrique, un peu moins long que les étamines ; le stigmate est capité et à trois lobes.

Le fruit est une capsule acuminée, à trois valves, qui, portant chacune une cloison dans leur milieu, et se réunissant à la colonne centrale, la partagent en trois loges, qui doivent contenir chacune deux graines ; mais il en avorte souvent une : ces graines sont attachées au sommet par un filet court, en sorte qu'elles sont pendantes ; leur surface est raboteuse ; tout leur intérieur est rempli par un périsperme corné : l'embryon est vert, sa radicule est oblongue cylindrique ; les cotylédons sont cordiformes, foliacés, très-minces, un peu cambrés et ondulés.

Cette capsule est totalement cachée dans l'involucre, qui, grossissant par la maturation, prend l'aspect et la consistance d'une baie charnue qui a quelques rapports avec le fruit du Néflier, et, comme lui, s'amollit en mûrissant. Sa cavité intérieure est tapissée par des poils roides, causant, comme ceux des *Dolichos* et des *Cnestis*, des démangeaisons considérables.

On peut juger par ces détails que ces arbres forment un genre qui se distingue fortement de tous ceux qui ont été connus jusqu'à présent. Une troisième espèce a été trouvée de même à Madagascar par Commerson ; elle se trouve dans les herbiers de ce naturaliste. M. de Jussieu, ayant démêlé ses principaux caractères, se proposoit d'en former un genre ; il vouloit le nommer *Eriocarpus* ; parce que les involucres des fleurs de cette espèce sont lanugineux d'une façon singulière : mais lorsqu'il a vu, par ces deux espèces que je lui ai communiquées, que cette laine n'étoit point essentielle à ces plantes, il a été le premier à condamner le nom qu'il avoit formé.

J'ai retrouvé ce genre indiqué par Fernand de *Noronha*, dont j'ai parlé précédemment : il l'avoit nommé *Tantalus*. Je présume que c'est parce que ses fruits, quoiqu'ayant une belle apparence et assez bon goût, ne peuvent être mangés à cause des poils cuisans qui se trouvent dans l'intérieur, ce qui a quelque rapport avec la position de Tantale ; mais ce nom a été appliqué dans le règne animal à un genre d'oiseaux, ensorte qu'obligé d'en chercher un autre, je lui ai composé celui de *Sarcolæna*, qui veut dire *Tunique extérieure charnue*, pris de la singularité de son involucre.

La première espèce de Sarcolæna, figurée à la planche neuvième, se fait

remarquer par l'élégance de son port. C'est un petit arbre dont les rameaux
retombent avec grâce; ses feuilles sont ovales, pétiolées, de quatre à cinq
pouces de long, le tiers environ en largeur; elles sont couvertes, dans
leur jeunesse, ainsi que toutes les parties, de poils ferrugineux, qui ne
tardent pas à disparoître sur la superficie supérieure, mais qui persistent en
dessous. Les fleurs sont terminales, rassemblées au nombre de cinq ou six;
leur involucre est recouvert abondamment de poils scabres, d'une couleur
fauve très-brillante; les pétales forment une campanule, d'un beau blanc;
l'involucre, en mûrissant, se renfle; son sommet est enfoncé; il perd insensiblement le duvet qui le recouvroit, en sorte qu'à maturité il est lisse
et de couleur vert-olive : dans cet état sa pulpe a un goût passable approchant de celui des nèfles, mais, comme je l'ai dit, les poils qui le tapissent
intérieurement, causant une démangeaison considérable, incommoderoient
beaucoup ceux qui seroient tentés d'en goûter. Il paroît que les rats seuls
s'en accommodent : de là lui vient le nom qu'on lui donne quelquefois,
celui de *Voa soui*, l'un des meilleurs fruits de Madagascar, de la famille
des Sapotilles, avec le surnom de *Talafe* ou de rat; mais je l'ai entendu plus
souvent nommer Toudinga. Cet arbre fleurit en juillet et août, et son fruit
mûrit en novembre.

La seconde espèce, figurée à la planche dixième, ressemble beaucoup
par son port à la première; ses feuilles sont à peu près semblables; mais
elles sont glabres en dessous, excepté les nervures principales. Les fleurs
sont beaucoup plus petites : mais elles sont plus nombreuses et forment
une panicule très-garnie. Les involucres sont moins renflés; ils se terminent
par trois lobes obtus. Ils paroissent plusieurs mois avant que les fleurs ne
s'épanouissent; et comme ils sont de couleur fauve brillante, ils décorent
cet arbre aussi bien que les fleurs elles-mêmes. Ces involucres paroissent
déjà au mois d'août et ne fleurissent qu'en octobre.

La troisième espèce, de l'herbier de Commerson, a des fleurs presque aussi
grandes que la première; elle se distingue surtout par la laine longue et
roussâtre qui recouvre ses involucres : ses feuilles sont moins grandes,
obtuses au sommet, et on n'y voit point les plis qu'ont les autres.

Voici comment on peut caractériser ces trois espèces :

Sarcolæna grandiflora. *Panicula pauciflora, foliis subtus ferrugineo-
tomentosis, involucro scabro depresso.*

Sarcolæna multiflora. *Panicula conferta, involucro scabro trilobo.*

Sarcolæna eriophora. *Panicula pauciflora, axillaris, involucro piloso.*

LEPTOLOENA.

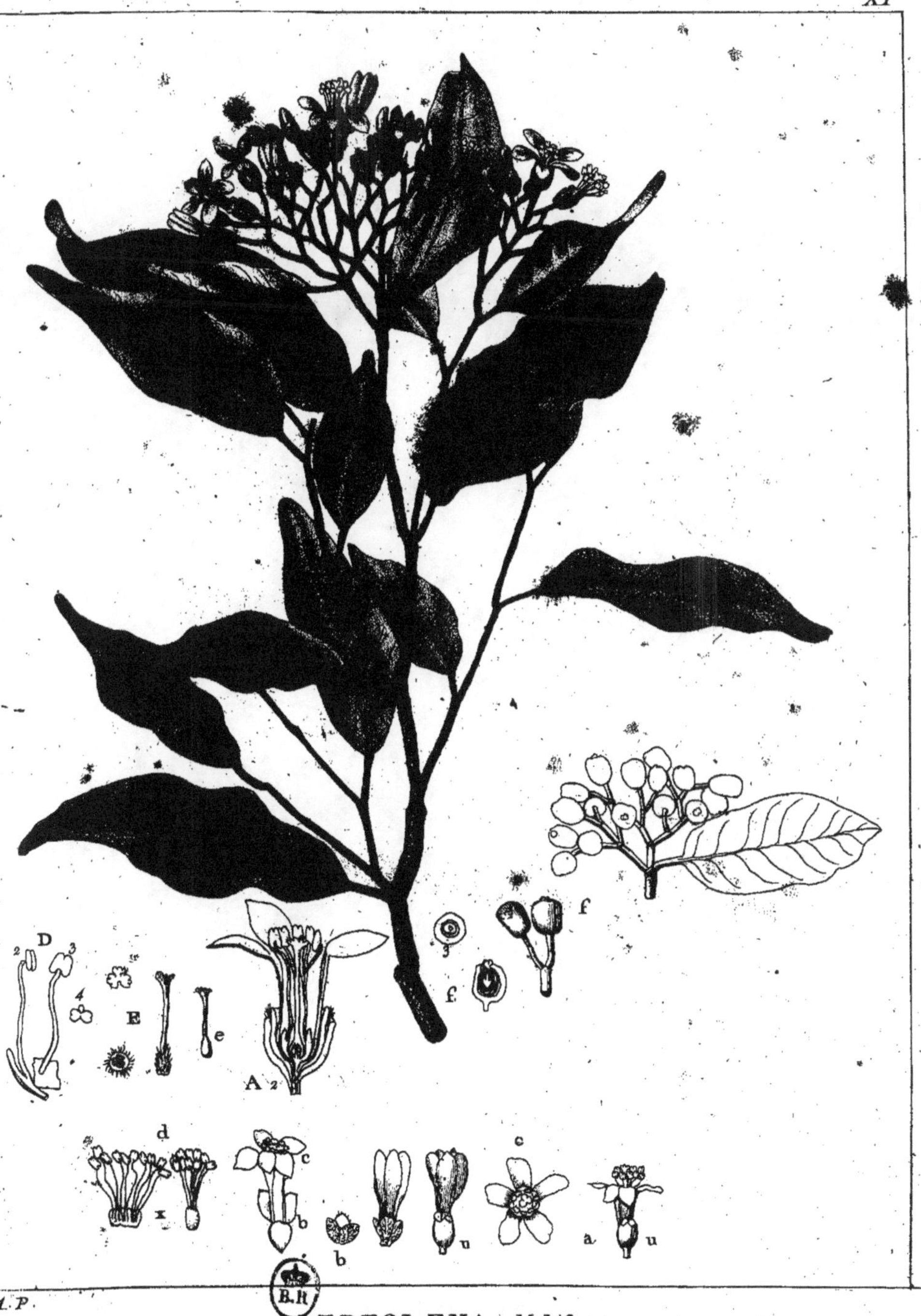

LEPTOLÆNA Multiflora

SCHISOLÆNA Rosea.